小池芳子のこうして稼ぐ農産加工

小池芳子

農文協

はじめに

農産加工は、原料を見極め、副素材を組み合わせて味よく仕上げていくものです。そのためには、原料の特徴だけでなく、原料のよさを引き出す副素材についても深く知ることが大切です。砂糖や酢などは、家庭では「大さじ1」の調味料ですが、農産加工で使用する量は「一斗缶の世界」で、原料と肩を並べる副素材としての位置づけになります。そこで、本書の第1章では、味よく仕上げるために、原料や副素材について、加工のポイント・選び方などをまとめています。

最近は、農産物直売所などができ農産物を直売できるようになったこともあり、加工所で原料が入手しづらくなりました。だから原料を確保するという意味でも、また、原料のサイズを揃えるなどの必要からも、加工所から農家に栽培を委託するケースが出てきています。いっぽうで、専業的な農家の経営規模は大きくなり、それに伴なって出荷できない農産物の活用が課題になっていますが、身近に加工の委託先がない、というのが現状でしょう。つまり現状は「原料が入手しづらい加工所」「加工にまわしたい原料はあるが委託する加工所がない大きな農家」というマッチングの悪い状況が続いていることになります。このような状況を踏まえて経営を改善する手立てとして、ぜひ、考えてほしいのが「受託加工」と「釜の空かないシステム」です。

釜の空かないシステムづくりとは、導入した加工機器や施設をフル稼働させるために知恵を絞ることです。また農産物を受託加工することで、農家の経営を助け、同時に加工所全体の効率を高めることができます。私の加工所のいまあるのは、この二つを念頭に取り組んできた賜物といえます。その具体的なノウハウ、加工所の実際の働き方を紹介したのが第2章と第3章です。第4章には私の農産加工の技術について、そして終章では、私の農産加工の歩みと今後への思いもまとめました。

本書を読まれた方の農産加工品がよりおいしくなり、加工所経営の好転にお手伝いできるなら、幸いです。

二〇一八年十月

小池　芳子

目次

終章　加工所の開設・発展とこれまでの歩み

序章

農産加工所 農家とともにワンランクアップ!

一九八〇年代の半ばに農産加工を始めてから三〇年あまり。農産物直売所が各地に広がる時代に、農産加工を取り巻く環境も大きく変わっている。ここにきて、生産農家の動きも変化した。農産加工の現状とこれからの加工所経営について考えてみたい。

大きく変わってきた農産加工所の環境

最初の加工の本『小池芳子の手づくり食品加工コツのコツ（全五巻）』（農文協）を出したのが平成十八（二〇〇六）年だった。この本は、私の二〇年に及ぶ記録をもとに、農村加工所の開設方法から手づくり加工のコツまでをまとめたもので、全国の農村女性たちに喜ばれた。あれから一〇余年を経て、農産加工を取り巻く環境も変わってきた。そんななか、農産加工所はどう歩んでいけばいいのか、農産加工の先輩として著したのが本書である。

原料を生産する農家が変わった

まず、加工の原料を生産する農家の側の変化がある。

農家数は減っているものの、いっぽうでは規模の大きな農家や法人化する農家が増えてきて、その生産量は増えてきている。

私の加工所（長野県飯田市／喬木《たかぎ》村）でも、大きい農家が持ち込む加工原料は増えている。トマトの受託加工では、二軒のトマト農家が持ち込むトマトの加工に、週の二日はかかりっきりの状態である。また自社品も、松本のトマト農家から仕入れて加工している。トマトの加工は、受託二軒、自社一軒で手一杯の状態で、ほかのトマト農家の加工はできない状態になっている。

いっぽうで、小さい農家の加工にまわす農産物の生産量は減ってきている。

たとえばトマトで見ると、長野県内で生産の多かった加工用トマトは激減して、県内にあった大手の工場も撤退している。加工用トマトは糖度が四度くらいなので、そのまま加工してもお

冷却槽から出して、びんを洗浄。このあと水を拭き取ってキャップシールする

いしいジュースにはならない。売れ行きが悪ければ、トマトのkg単価も上がらず、農家の手取りも増えない。加えて、高齢化で二〇kgの重いコンテナを運ぶのも苦になる。それで軽いもの、花やミニトマトなどに作目転換した。

こうして、加工用トマトの栽培農家が減って、原料の加工用トマトが集まらなくなった。契約栽培をしている大手加工メーカーでも、工場を稼働し続けることはできなくなり、撤退していった、というわけだ。

地域産の原料が入手しづらくなった

加工原料の入手がむずかしくなったのは、大手の加工会社だけではない。地域の農産物の加工を手がけてきた加工所でも同じ状況がある。

トマトの例だけではなく、これまでジュースやジャムなどに加工していた農産物の二級品も集まりにくくなってきた。

ひとつには高齢化と人手がないために、農産物の生産を縮小せざるを得なくなったこと。たとえば、ブルーベリーを栽培していて、加工所にジャムやジュースの委託をしていた農家が、高齢化と人手不足を理由に、実が成っても収穫せずに、そのまま放置するような園地が増えてきた。耕作放棄地、荒廃地の増加である。山間地では獣害がこれに追い打ちをかけて、生産意欲を減退させている。

それればかりではない、直売所や道の駅が各地にできたことで、これまで加工所に持ち込んでいた二級品を、直売所で売ってしまうという農家も増えてきた。加工して売るより、直売所で売ったほうが手間もかからずに、すぐに現金収入になる。そのような選択もあり、ということなのだ。

私の加工所で自社加工に仕入れている松本のトマト農家も、二級品は袋詰

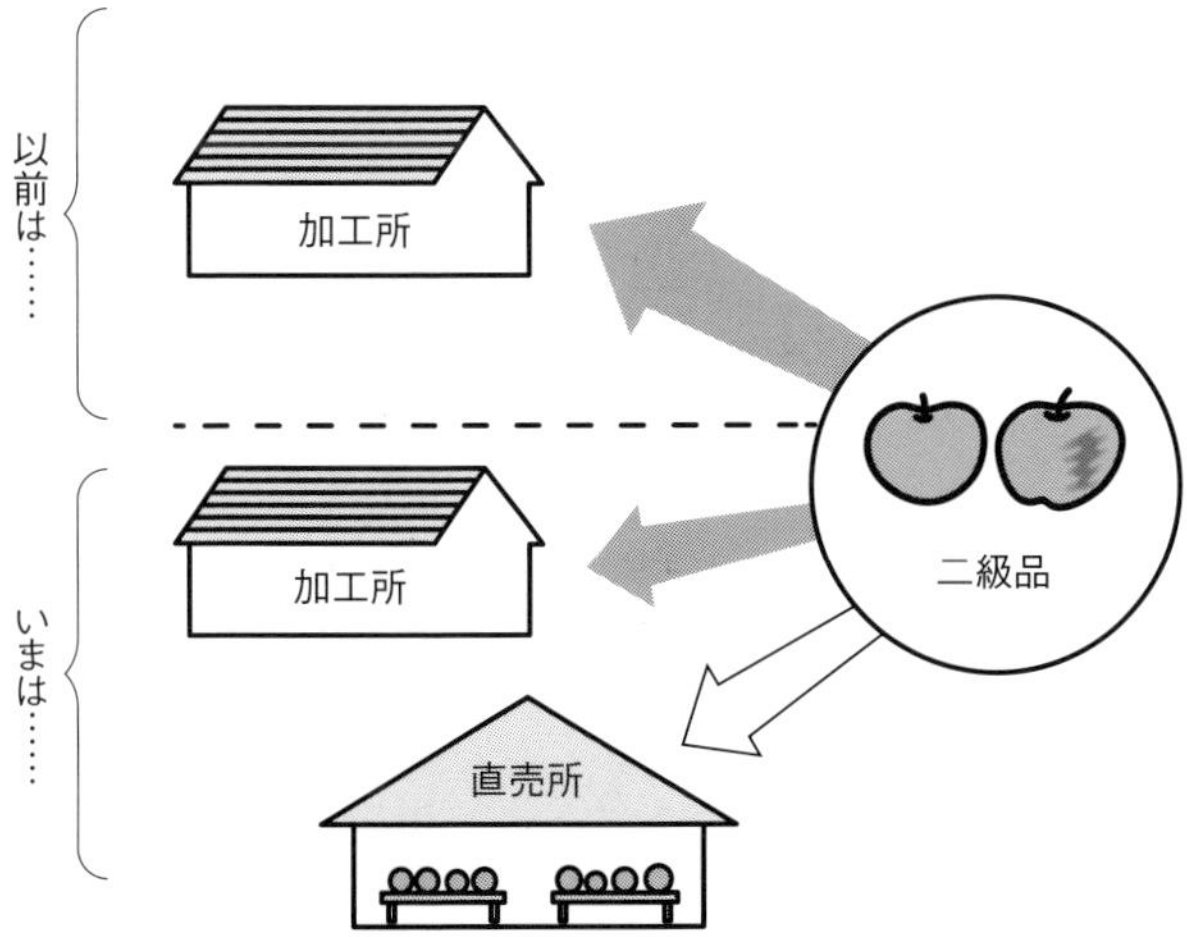

最近は加工所に原料が集まりにくくなっている

めして店頭で売っている。そして売り切れなかった分を私の加工所が仕入れている。一級品は市場出荷、二級品はまず直売、残った二級品を加工といった位置付けになる。

このように直売という形態が広がったために、加工にまわっていた二級品は減っていくという状況が生まれている。

体験型消費が広がり生食用が増え、加工での消費が減ってきた

また、最近の傾向としてイチゴ狩りとかブルーベリー狩り、サクランボ狩りというような体験型の消費形態が増えてきている。

このようなことを行なっている農家は比較的大きな農家が多く、以前であれば、加工所に原料を持ち込んで、加工品にしていた農家も多い。そのような農家がホームページで体験型消費を宣伝して町の人を呼び込むようになった。あるいはツアー会社とタイアップして呼び込んでいる例も多い。ツイッターなどで体験の様子を投稿してもらえれば、いい宣伝にもなる。

つまり、町の人の、消費者の消費の仕方が変わってきているのだ。体験型消費をめざす農家からの加工依頼はあまりない。そのような農家では、ツアーに合わせて自分のところで加工したジャムなどを店頭で販売していることも多い。

消費の仕方が変わってきているというのは、別の言い方をするなら、「加工での消費が減って、生での消費が増えている」ということなのだ。

これからの加工所経営はどう進めばよいか

自分の加工所の性格を知る

以上のように、これまで地域の農産物を加工してきた加工所は、加工原料を入手しづらくなってきた。小さな加工所で、自分の田畑から収穫した農産物を加工して、直売所などで売っているような加工所は、これまでと同じような経営を続けることができる。

また、私の加工所のように全国から原料が送られてくる加工所なら、原料不足ということはない。現に私の加工所はフル稼働である。

しかし、その中間的な加工所、つまり自分の田畑からの農産物にプラスして、地域の農産物を原料にしている加工所は、原料が調達しづらいために、経営を維持・発展することがむずかしくなってきているように思う。

それでも旬の時期に原料を多く仕入れて、冷凍庫に保管しておく、あるいは私の加工所のように一次加工して一斗缶貯蔵できるなら、加工量をある程度は確保できるだろう。しかし、このような手立てがないなら、加工所の経営はむずかしい。中堅の加工所にはけっこう苦しい時代なのだと思う。

大きな農家の加工を吸い上げるチャンス

大きな経営の農家や法人はこれからも増えていくだろうし、高齢化や耕作放棄地の問題などを考えると、そのような経営体をつくって、雇用や地域の活性化を図っていくことはとても重要なことになる。

大きな農家・法人が増えると、農産物の生産量が多くなるのと並行して二級品も多くなる。この二級品を出荷できないからと廃棄していたのでは経営はなかなか安定しない。直売所に出すのもいいが、加工品にして販売できれば、経営的にもメリットは大きい。直売で売るにせよ、直売所に出すにせよ、青果だから日数を置くことはできないが、加工品なら長期間売り続けることができるからだ。

しかし、大きな農家・法人が加工所を新たにつくるのはリスクが大きすぎる。そこで既存の加工所の出番ということになる。大きな経営の農家・法人が育っていくことは、加工所にとってもチャンスなのだ。

大きな経営の農家・法人と加工所という組み合わせは、これからの地域の活性化を考える上でも大きな意味がある。

加工所は農家を育てる力を持っている

トマトの加工を受託している二軒のトマト農家は、私の加工所が育てた面もある。最初は軽トラにトマトを積んで運んできたのが、だんだん多くなり、いまでは二t車で毎週のようにやってくる。それはトマトの加工品、トマトジュースやケチャップ、ソースがおいしいので売上げが伸び、経営が

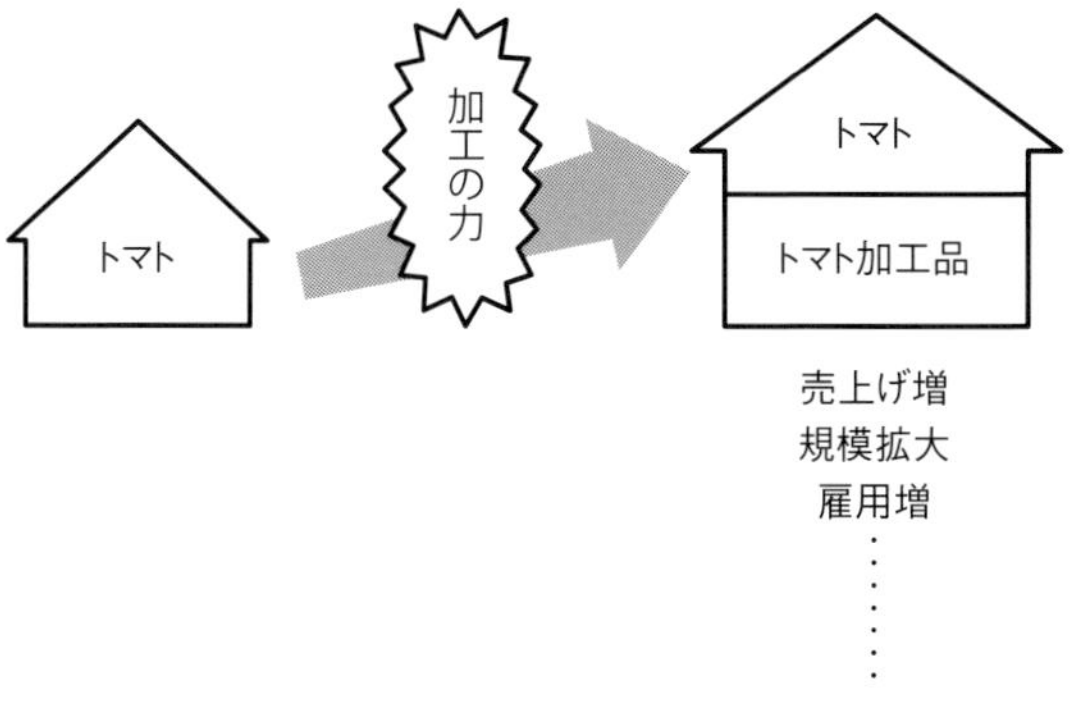

トマトの加工品がトマト農家の経営を押し上げた

大きく発展してきたからだ。経営規模をだんだん広げ、トマトの生産量が多くなり、加工品の売上げも伸びてくる。トマトとトマト加工品が経営全体を押し上げていったのだ。

いまでは、神奈川県のトマト農家は神奈川県内だけでなく、山梨県にもトマト生産の拠点をつくっている。もう一軒は愛知県の農家だが、県内だけでなく長野県にもトマトの施設をつくっている。両者とも気候の差・気温の差を利用して収穫をずらして、通年で安定した生産と加工を行なえるようにしている。

加工には農家経営を発展させる大きな力があるのだ。

加工所のバージョンアップに男性の力を借りる

大きな農家・法人の農産物の二級品を加工所が受け入れて加工することができれば、農家・法人、加工所ともにメリットがある。しかし、そのためには加工所の加工量を増やすことが必要になる。その手立てがなかなかむずかしい。

たとえば、以前は農閑期に加工をして農繁期は家の農業を手伝うという加工所のタイプが多かったが、そこから加工部門を独立させて、女性が年間通して加工するというタイプも増えてきている。当然、農閑期だけの加工のときより加工量は増えているはずだ。

現在も各地に、女性グループ主体の加工所が多くある。しかし、そのような加工所では、大きな農家・法人からの加工依頼を受けるのはむずかしいように思う。受託にはある程度の施設・加工機器のバージョンアップなどが必要になるのだが、そのときに女性主体だと、残念ながら二万～三万円程度しかお金を出すことができないのが現実。とても加工所のバージョンアップはできない。これが男性経営者なら二〇〇万～三〇〇万円の投資をすることも融資を受けることも可能だ。

現在、私のアドバイスなどを受けて受託加工を行なっている加工所も各地にあるが、その経営の主体は男性なのだ。女性がダメというのではなく、男性の力を借りなければ、大きな農家・法人からの需要に応えることはむずかしいのが現実だと思う。

自立した経営体としての加工所

私は以前は、たとえば長野県下で数ヵ所、受託加工ができる加工所があれば、地域活性化、農家の支援に役立つと考えていた。いまや、それでは間に合わないと思っている。現在、各地に受託加工を行なっている加工所はあるものの、どこも忙しく、多くの加工需要に応えられていないように思う。

それだけ事態は進んでいる。

継続して委託できる加工所が求められている

やはり、きちんと従業員に給料を支払えるような経営体として自立していける加工所が必要だ。そのくらいの加工所でないと、大きな農家・法人は加工を頼むことを躊躇せざるを得ないように思う。

加工所の経営が順調で、自分たちのつくる農産物の加工を継続して行なってもらえるのかどうか、考えるからだ。途中で、「次からは荷受けができません」「加工ができません」というようなことでは困るからだ。

加工所にも、いい加工品をつくり続ける責任があるということである。そのためにも日々、加工技術を深めていく努力をしていかなければならない。

加工所どうしが連携する仕組みづくり

加工原料を生産する農家の側の変化について紹介したが、加工所にもこれまでとちがう動きもある。加工所がつながる加工所間連携というような動きである。

私の知っている加工所での話なのだが、滋賀県の加工所に持ち込まれた原料で京都の加工所がジュースをつくり、逆に、菜の花の漬物を滋賀でつくったという話である。加工所間で委託―受託し合う関係である。

たとえば、A加工所にあってB加工所にはない加工原料がある。あるいは、A加工所でも加工はできるけれど、別の加工が忙しい、という場合、加工原料をB加工所に送り、製造を委託するのである。

保健所の施設許可の有無も関係する。

たとえばA加工所にジュース加工の依頼があったが、施設許可がないのでジュースをつくることができない。これまでなら、「すみません、ジュース加工はできないんです」で終わってしまう。しかし、加工所間の連携があれば、ジュースを製造できる施設許可を持っているB加工所に依頼して、代わってジュースをつくってもらう、ということができる。

原料を持ち込んだ農家にとっては、加工品にしてもらえ、加工所にとっては農家の信頼を得ることができて、今後の加工製造の窓口的な役割を担うこともできる。また製造したB加工所は加工料を得ることができる。三者それぞれにとって、いい話だと言える。

加工所間の横のつながりがあれば、このような手立てによって、入手しづらい加工原料を加工所間で融通し合うこともできる。お互いの加工所の情報交換にもつながるので、今後、このような取り組みが進むことを期待したい。

加工所も変わらなければ時代についていけない。農産加工にとってむずかしい時代に入ってきていると感じる。そんななかで加工技術を深め、地域の食文化、地域性を大切にしながら、加工所の経営を発展させる道を見つけていかなければいけない。

第1章 素材・副素材をより深く知る、生かす

味のよいものをつくるのが第一である。農産加工の原料・素材について、トマトやリンゴといった原料や、砂糖やしょうゆなどの副素材、さらにはクエン酸などについても、その選び方・使い方について私の考えをお伝えしたい。

農産加工の魅力と素材選び

　私が農産加工を始めたのは昭和六十一（一九八六）年なので、かれこれ三〇年以上になる。農産加工の仕事は、農家の支えになるような仕事であり、農家といっしょに考え、農家がつくったものを農産加工品という形にデザインする仕事でもある。

　農産加工の魅力は何かと考えてみる。新しい商品をつくり、それを買ったお客さんから喜ばれたときに、はじめて魅力がわかる。加工のことを寝ずに考えて、面白くてしょうがない人もいれば、加工が重荷で今日はイヤ、明日もイヤと後ずさりしていく人もいる。気のない人には農産加工の魅力は出てこない。

　農産加工に向き合って、今日つくったものより明日はもっとおいしいものをつくりたい。商品にしてほしいと持ち込まれた生の食材をそのままにはできない。せっかくの生きた素材がもったいない。そこで夜なべをしてでも商品にしたいと考え、そうして何とか形にする。自分が興味を持ち、農作物の持っている素材の原理を考えながら、もっといい味を追求していく。そこに農産加工ならではの大きな魅力がある。

　そのような農産加工の魅力を感じるためにも、素材の特徴を深く理解し、農産加工に生かすことが

写真1―1　私の加工所で製造した数々の加工品（びん詰の加工品の一部）

できなければいけない。

そこでまず農産加工の原料・素材について、私の考えをお伝えする。これまでの著書では加工品のつくり方に焦点を当てていたのだが、本書ではトマトやリンゴといった原料や、砂糖やしょうゆなどの副素材、さらにはクエン酸などについても、その選び方・使い方を紹介していく。

素材の特徴を知り、加工技術を深める

消費者に受け入れられるために

農産加工では生果として出荷できない、販売できないような野菜や果物を、加工の技術で農産加工品として世に出すことができる。もちろん、ふつうの農産物を（買い入れて）加工品とすることもできる。その加工品がおいしくて、消費者に受け入れられるためには、原料・素材の素性・特徴を知り、加工技術を深めなければならない。

落果リンゴの場合

平成二十九（二〇一七）年は十月に台風が来襲、私の地域でもたくさんのリンゴが落ちた。なかには一農家で二〇〇ケースからの落果リンゴが出た農家もあった。この落果リンゴをどうするか。行政や農協では埋めて処理、堆肥場で処理といった話が出たようだが、私は加工所に「持ち込まれた落果リンゴはすべて買い取りなさい」という指示を出した。農家がたいへんなときは、加工所もともにたいへんにならないといけない。農家の苦しみを少しでも救ってあげられるのが加工所の役割でもある。

未熟なリンゴをおいしく加工する技術を持つ

しかし、十月のリンゴはまだ熟していない、未熟のリンゴだ。このリンゴをペーストに加工（一次加工）して一斗缶で貯蔵するのだが、熟したリンゴと同じように加工したのではおいしくならない。糖が少なくてペクチンが多く、加工の過程でアクがたくさん出てしまうからだ。このペクチン質・アク

写真1―2　しぼった果汁を煮詰めてリンゴペーストをつくる。ジュースには不向きな落果リンゴでも、このようにペーストにすれば、万能ダレなどの原料として使うことができる

をどう取り除くか、そのための温度管理とアクの取り方を具体的に指示した。

この例で言えば、「落果リンゴは未熟でペクチンが多い」といった加工品の原料の特徴をつかみ、「温度管理とアクの取り方」というおいしく加工する技術が必要になる。このように原料・素材ごとに加工技術を深めていかなければならない。

おいしくないリンゴをいかにおいしい加工品に仕上げるか、熟度の進んでいないものを、いかに熟度の進んだ味まで持ち上げていくか。そのままでは販売できない素材に、商品としての価値をつけていく。そこが農産加工の醍醐味であり、そのためにも加工技術を深めていかなければならない。

副素材は吟味して、よいものを使う

味のよい副素材を選ぶ

農産加工ではトマト、リンゴといった原料のほかに、砂糖や塩、しょうゆ、みそなどの副素材を使う。どのようなものを選ぶかによって、加工品の味が決まってくる。

基本は、「まずいしょうゆで煮て、おいしいものはできない」ということだ。

調味料などはピンからキリまで、価格差がある。たとえば、みりんでは、一升びんでみりん風調味料なら一〇〇〇円、本みりんなら一万円のものまである。一万円の本みりんを使う必要はまったくないが、まん中くらいのグレードの本みりんを使うようにしたい。もちろん、味を確かめて納得することが前提だが。

「農産加工だから安いものを使えばいい」といった、安易な考えに走ることがないようにしなければいけない。原料・素材を吟味すること、味というものはそこから生まれる。「ここのはおいしいね」という看板が取れるようにならないといけない。そのためには味のよい副素材を選ばなければならない。

常にコスト意識を持つ

もうひとつ大切なことは、コストのことを常に考えておくこと。各論で私の加工所のやり方を紹介するが、お母さんグループでありがちなことが次のようなことだ。砂糖を購入するとき、スーパーの折り込み広告に安い砂糖が出ていたから、ということで買うことがある。広告にはひとり三袋までとあるので、五人で買いに行き、一五袋買ってくる。これで「砂糖を安く仕入れることができた」と喜んでいる。

安い砂糖をいつも仕入れられるわけではないから、同じ加工品をつくっても、その原価がつくるたびにちがってしまうことになる。それに、安い砂糖ではおいしい商品にならない。こんな調子で加工に必要なものを仕入れていたのでは、加工所の経営は安定しない。

砂糖のような副素材はスーパーなどで買うのではなく、業務用のものを信頼のおける業者から購入すること。そのほうがスーパーで買うよりコストを確実に減らすことができるし、あわせて業者からいろいろな情報を入手することもできる。

ビタミンC、クエン酸をおそれずに使う

いまでは酵素発酵でつくられる

農産加工で使う副素材にビタミンCやクエン酸がある。これらの副素材は以前は「化学薬品」ということで、消費者から敬遠されていた時代があった。いまでも中高年の方の中には、少なからずそういう意識があるように思う。そのため、加工品の表示に書くと売れなくなるのではないかと考えて、ビタミンCやクエン酸を使わずに加工したいという人もいる。

しかし、時代は変わっており、現在はビタミンCはパイナップルとリンゴを原料に酵素発酵させてつくられている。またクエン酸もトウモロコシを原料に酵素発酵させてつくられている。一昔前の「化学薬品」とは一線を画している。

いまでは、ビタミンCもクエン酸も「化学薬品」ではないということをきちんと消費者にも知らせることが大切だ。酵素発酵した原料を使って商品をつくることだ。

ビタミンCは酸化・変色を防ぐ

ビタミンCは酸化を防ぐ働きがあり、リンゴやモモなど変色しやすい原料の加工に使われている。ビタミンCは多く使えばいいというものではないが、使わないことによって酸化・変色が進んでは加工品が売れなくなってし

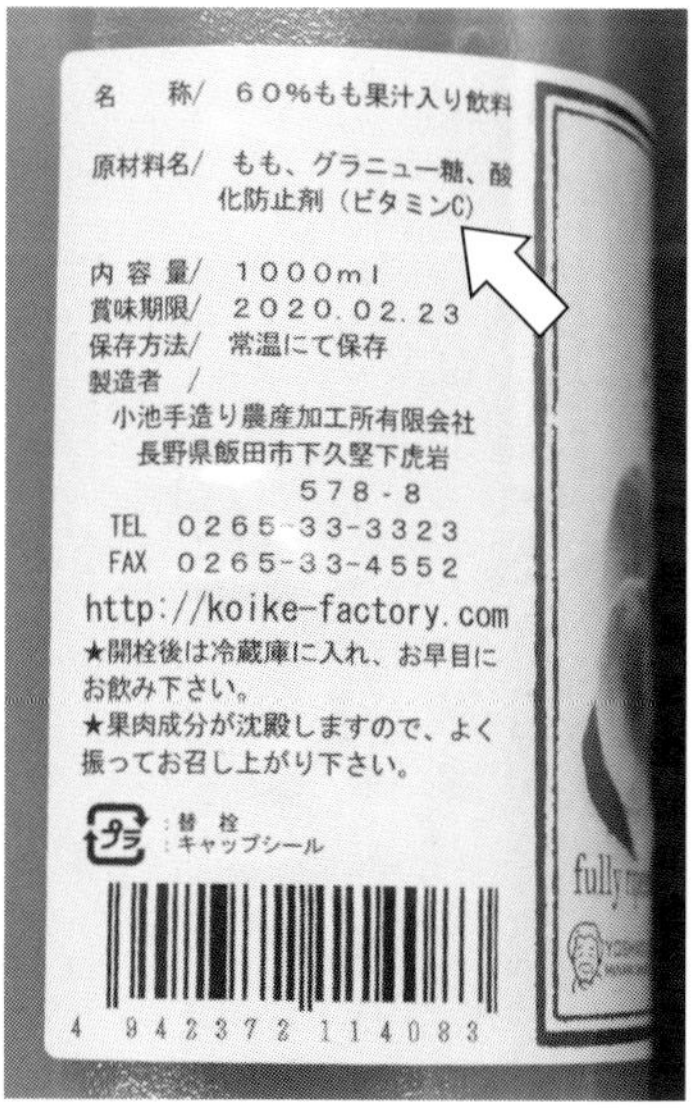

写真1―3
「桃　完熟果汁」の裏ラベルに酸化防止剤としてビタミンC（矢印）を使っていることを表示している

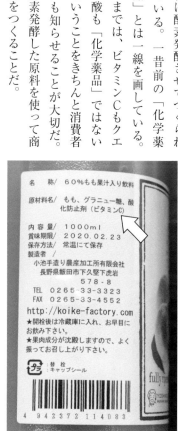

まう。売れない加工品をつくっているようでは、加工所は立ちゆかない。

クエン酸は食品の発酵防止、色素の抽出に活用

またクエン酸はpHを低く保ち、食品の発酵（微生物の活動）を抑える効果が高い。基本は加工品のpHを四・二以下にすることだが、レモン汁などの果物の酸ではなかなかpHは下がらない。トマトジュースなどでpHの調整ができていないと、びん詰めしてから三日くらいでびんがはぜてしまう。それがこわくてつくらなくなった加工所が日本中、あちこちにある。

クエン酸を使うことを避けてpHが高い状態のまま袋詰めやびん詰めをして、袋がふくれたり、びんがはぜたりしたのでは、信用はなくなり、消費者は二度と買ってくれない。お店にも置いてもらえなくなってしまう。必ずpHを測る。

またクエン酸を使うことで、原料の色素をきれいに抽出することができる。原料の色のよさを、そのまま加工品に生かすために、クエン酸を上手に生かしていきたい。

買ってもらえない加工品はつくらない

このようにビタミンC、クエン酸を上手に使うことは農産加工を進めていく上で大きなメリットがある。買った人から喜ばれる加工品づくりに欠かせないものなのである。逆に使わないことによるデメリットのほうがはるかに大きい。びんがはぜたりするのは論外としても、加工品が変色したのでは、手に取ってももらえない。買ってもらえない加工品では価値がない。ビタミンCやクエン酸をおそれずに使いたい。

一次加工のメリット

一年を通して加工できる

加工所の経営を安定させる方策のひとつに、一次加工がある。

旬の素材が出回る時期は、品質の高い原料素材が手頃な価格で入手できる。受託加工の場合でも、旬の素材の加工依頼が多くなる。そこで、このような時期に手頃な価格で原料素材を入手して、商品になる手前の段階まで一次加工して貯蔵しておく。そして、それを使って加工品をつくれば、旬の時期だけでなく、一年中、加工品をつくり続けることができる。

リンゴやトマトはピューレやペーストに一次加工して一斗缶で保管する。漬物などは旬の時期に品質のよいものを使って塩漬けを大量につくっておく。そして必要なときに塩抜きをして、商品づくりに活用する。このよう

にしておくことで一年を通して加工を続けることができる。

写真1―4
リンゴをペーストにし一次加工して、一斗缶に詰めて貯蔵する
（撮影：河村久美）

自社加工をあとまわしにして繁忙期を乗り切る

　たとえばリンゴの季節になると、農家がジュースにしたいと言ってリンゴをたくさん持ち込んでくる。同時に自社加工品のジュースもつくるので、たくさんのリンゴを仕入れる。受託加工では持ち込まれたリンゴはすぐにジュースに加工して、農家に納めることが多いが、自社加工品分として仕入れたリンゴはそのすべてをすぐにジュースに加工することはない。受託加工もしている忙しい時期に、年間売っていく分のジュースをつくるなんてできないし、できたとしても保管しておく場所がない。

　そこで、自社加工品のジュースについては、ペーストにして一斗缶に詰めて貯蔵する（もちろん商品のジュースにも加工する）。最終商品にまで仕上げないので、その分、加工作業が省け、時間も短くできる。忙しい時期は一次加工して自社加工分の作業を省き時間を稼ぎ、受託加工を優先して作業することで乗り切ることができる。

　そして在庫が少なくなってきたり、注文が入ったりしたら、随時、その一斗缶を開けて自社加工品づくり（リンゴジュースや焼き肉のタレ、ドレッシングなど）を行なうのである。

品質のよい手頃な原料を使える

　このような旬の時期に一次加工を行なうメリットは大きい。

　まず品質のよい手頃な価格の原料素材が手に入り、加工を一年中、続けることができる。加工のつど、原料を買い入れていたのでは価格の変動にも対応しなければいけなくなり、原価が変動し、安定した加工所経営はむずかしい。

保管場所・保管コストを減らせる

一次加工をすることで、保管場所の融通が利くようになる。ヤマブドウなどはコンテナにして冷凍する方法に比べると、かさが一〇分の一ほどになる。リンゴやトマトなども一次加工して一斗缶に詰めて保管しておけば、常温で長期間保存できる。冷蔵庫や冷凍庫などに保管しないですむので電気代などのコストもかからない。また一斗缶なら積んでおけるので、加工所の保管スペースを有効に使うことができる。

しかも一斗缶は一個一〇〇円程度で入手できるので、一次加工をするメリットは大きい。

加工品づくりが手早くできる

さらに、一次加工をしてあれば、加工品づくりを一から始めなくてすむ。つまり、加工品にするまでの作業時間を短くすることができるということであり、同時に、加工所の加工機器をほかの加工品づくりに使うことができるということである。加工所の効率を上げ、加工品の製造量、品揃えを多くすることにもつながっていく。

一次加工で上がる稼働率

とくに加工所の経営を考えたとき一次加工を取り入れることで、一年中、加工所を休みなく稼働させることができ、加工作業の効率を高めている。商品のラインナップが安定し、社員が働き続けることができるなど、経営全体に大きなメリットがあると思う。

加工に適した原料・素材を知る、選ぶ

原料・素材選びの基本

私の加工所の売上げは受託加工七割、自社加工三割という構成である。受託加工は農家が持ち込んだ原料を加工品にして、その加工料をいただく方式、自社加工は原料を仕入れて加工し、自社で販売する方式だ。

受託加工では、持ち込まれた原料の特徴を見極めて、どのように加工したらおいしくできるか考えながら加工に取り組むことになる。いっぽう自社加工では、原料の見極めはもちろんだが、同時に、加工効率を上げられる原料をいかに安く仕入れるかということをいつも念頭に置くことが大切になる。

受託加工のように加工料をいただく方式とはちがって、自社加工では仕入れた原料価格は加工所の経営に直結するし、仕入れた原料が加工効率を左右すれば、製造量に影響し、ひいては加工所の経営にも響いてくることになる。

受託加工と自社加工では、このように原料に求める要素が異なることがある。このことを踏まえて、以下の加工品の原料になる野菜や果物などについて、私の加工所で行なっているやり方を読み進めていただきたい。

トマト

一次加工して一斗缶で貯蔵

トマトの加工品としてはトマトジュースをはじめ、ケチャップや焼き肉のタレなどがある。トマトジュースは生果からジュースにしてしまうが、その他の加工品をつくるために、一次加工として煮てペーストにして一斗缶で貯蔵している。このようにすることで、必要なときにいつでも加工することができる。また一次加工してあるので、製品にするのに時間もかからないし、加工所の作業効率も上げることができる。

生食用のもので加工

原料のトマトは基本的に生食用のものを使い、加工用のものは使わない。生食用のものに比べて、加工用トマトは糖度も低く、また果肉に味もない。また加工用トマトは、露地で黒マルチをして這いづくりで栽培するため、果実に枯れた葉がついていたりして汚いものがある。これがなかなか取れない。メーカーならともかく、農家の加工で加工用のトマトを使うのは何のメリットもない。加工所でのトマト加工は生食用のものを使うことである。

また生食用のトマトでも、真っ赤なものを使うのが一番いい。赤さが足りないものでも一晩で赤くなるようなものを使いたい。

写真1—5　トマトジュース。「生食用トマト使用」と表ラベルに表示している

受託加工ではへたを取り除いたトマトを搬入

トマトの受託加工では、近年、私の加工所でつくった加工品を経営の柱のひとつにして経営を大きくしてきた県外のトマト農家が、二tとか三tを運んできて、丸一日、第二工場（喬木工場）ではケチャップやソース、第一工場（飯田工場）では大小のびん詰のトマトジュースをつくっていく。このような農家が現在二軒あり、その農家のトマトを加工するときは、加工所をほぼ独占した状態になる。

受託加工では、へたの部分を取り除いた状態のトマトを搬入してもらい、ケチャップやジュースに加工している。加工所の仕事としてへたの部分を取り除いていたのでは、手間ばかりかかって、効率が悪くなってしまう。

たくさんのトマトを加工する農家は、加工にまわすトマトのへたの部分を取り除いて、冷凍庫に貯蔵している。そして、一定の量になったら冷凍

写真1—6　へたを取ったトマト。受託加工の場合は、このような形で原料が搬入される

の状態のトマトを加工所に持ち込んでくるのである（冷凍のもの＋生果ということもある）。加工品がなくなってくると、生果で販売しているようなトマトも持ってきて加工していく。加工品のほうが生果より高く売れるし、よく売れるからである。

　また持ち込んだトマトの半分をその日のうちに加工し、半分を加工所の冷凍庫で保管し、別の日に加工して持ち帰るようなこともある。

自社加工でも生食用

　自社加工品の原料は、おもに松本の大きな農家のハウス栽培のトマトを使っている。品種は生食用で、色も糖度も揃っていて青いトマトは入っていない。また、私の加工所では二～三日分まとめて加工するので、青いトマトがあっても赤くしてから加工に入ることができる。当然、枯れた葉が果実にこびりついているようなこともない。

　また自社加工では、トマトはへたの部分を取り除かなければならない。私の加工所の機械ではできない作業なので、当加工所では高齢者の方の仕事にしている。

　トマトの加工でも受託分が優先なので、自社分については仕入れたらへたを取って、すぐに冷凍コンテナに収納して凍らせて、受託分の加工の合間に加工するようにしている。

イチゴ

熟した赤いイチゴが適しているが……

　イチゴはおもにジャムなどに加工している。イチゴの加工品はきれいな赤い色でないと価値がない。たとえば、くすんだような色のイチゴジャムなどは店頭に並んでいても、手に取ってもらえない。

　イチゴの色をきれいに出すためには熟した赤いイチゴが適しているのだが、実際に加工所に来るイチゴにはそのようなイチゴは少ない。生果で食べるような熟したイチゴでは原料の仕入れにコストがかかりすぎてしまい、加工するイチゴとしては適さない。

おいしく色よく仕上げる技術が必要

　私の住む喬木村はイチゴの村でもあり、イチゴの摘み取り園がある。暖かくなってイチゴの最盛期の土日には摘み取りのお客さんがたくさんやってくる。そのためお客さんが少ない平日に収穫したイチゴが加工所に持ち込まれることになる（ＪＡが集めて持ってくる）。

　このようなイチゴを加工所で買い取ってイチゴの加工品、ジャムやコンポートなどに加工するのだが、持ち込まれるイチゴはだいたい多くても五〜六箱程度なので、へたをみんなで取り、洗ってから、冷凍庫へしまっておく。摘み取り園に来たお客さんは大きくて熟したイチゴを摘み取って食べ、小さいイチゴ、色の悪いイチゴなどは取らない。すると加工所には十分赤くなっていないピンク色の小さなイチゴも多く納入されることになり、へた取りの手間がよけいにかかり、おいしく、色よく仕上げるのに手間と技術が必要になる。

なお、受託加工の場合は、イチゴのへたを取った状態で持ち込んでもらい加工している。

白っぽい品種ではパプリカを加えることも

また果実の中が白い品種も加工品にするには適していない。イチゴの加工品で求められているきれいな色が出ないからだ。どうしてもそのようなイチゴでジャムにしなければいけない場合は、パプリカの濃縮液を仕上がりの段階で加えることもある。

仕入れたらすぐに冷凍

仕入れたイチゴはすぐに冷凍しておき、商品がなくなりそうになる前にジャムに加工して商品にしていく。イチゴの赤い色は紫外線に弱く、色が抜けてきてしまう。そこでイチゴの加工品は、箱詰めしてあっても黒いビニールで覆って、紫外線の影響をできるだけ少なくするようにしている。

退色しやすい

またイチゴは、たとえばイチゴジャムを製品化して直売所などに並べても、一ヵ月で色が抜けてきて白っぽくなってくる。そうなってしまうとなかなか売れない。加工所にとってイチゴはあまりうれしくない加工品なのだが、売れる商品である。

キュウリ

キュウリは材料屋さん（問屋）から塩漬けされたものを仕入れることが多い。原料のキュウリは国産である。

地域でもキュウリをつくっている農家はあるものの、ＪＡとの契約栽培が多く、入手することはむずかしい。また加工所でキュウリを使うのは福神漬けや金山寺みそをつくるときだが、手間ひまを考えると塩漬けされたものを買ったほうがコスト的にもよい。また塩漬けされているので、常温で保管できるメリットもある。

ナス

からし漬けが人気商品

「なすのからし漬」は人気商品となっていて、一年中よく売れる。年間、同じ味に仕上げるためには、ナスの大きさを揃えて塩漬けにすることがポイントである。

自社の畑の大きさの揃ったナスで加工

私の加工所の場合は、大きさの揃ったナスを、自社の畑から収穫している。同じ大きさのものを収穫するために、最盛期には一日に一回収穫するし、一日半に一回とか二日に一回など、ナスの生長を見ながら収穫している。最盛期には一日コンテナ一〇〜二〇箱分を収穫して塩漬けすることもある。

ナスは自社の畑からの収穫物になるので、収穫に要するコスト以外に、苗代や肥料代などのコストがかかることになるが、同じ大きさのものを収穫できるメリットは大きいし、何より、収穫したての原料なので、色も味もよい。

大きさを揃えることの大切さ

ナスのからし漬けだけでなく、漬物一般に言えることだが、塩漬けのときに大きさを揃えて、食べたときの塩加減・味が同じにならないといけない。前に食べたものとちがう味では、安定して売れない。

加工するナスの大きさがバラバラだと、同じ味に仕上げるのに手間がかかる。自社加工品の場合は、このような

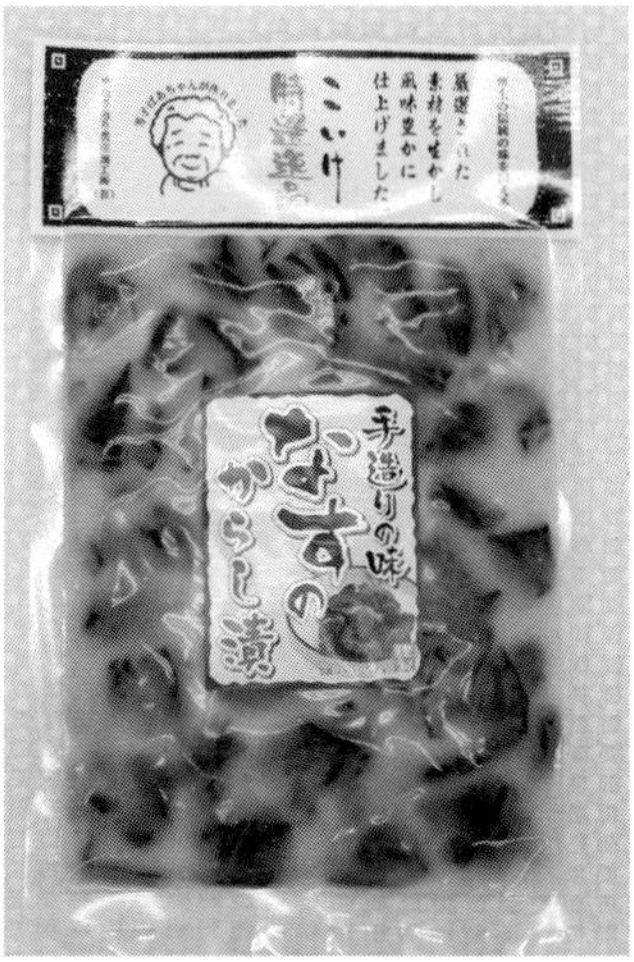

写真1—7　評判のよい「なすのからし漬」

写真1—8　収穫開始直前のナス畑。自社の畑なので、大きさの揃ったナスを収穫することができる

手間を生むような原料（仕入れ）は極力避けたい。効率を落とし、コストがかかってしまうからだ。

色よく仕上げるためにミョウバンを使う

ナスは漬物に加工することが多いが、問題はナスの色が黒っぽくなってしまい、おいしそうに見えなくなってしまうことだ。そこで、ミョウバンのような昔から使っているものを使い、色が鮮やかなまま加工処理することがポイントである。また、福神漬けでナスを使いたいような場合は、原料ごとに下漬けは別にして、袋詰めのときにはじめてナスをあわせるようにすると、ほかの素材に色が移りにくくなり、見た目もよくなる。

シマウリ

契約栽培のシマウリを仕入れる

シマウリの粕漬けを自社加工品としてつくっていて、人気がある。そのため、毎年一ｔほどの原料を仕入れるようにしている。

原料のシマウリは近くの下條村の農家と契約して、毎年栽培してもらい、それを仕入れている。

大きさを揃えて収穫してもらう

粕漬けにするには大きさが二〇cmくらいのものが適している。原料のシマウリは収穫時期になると一日で大きくなるので、契約農家が二〇cmくらいの大きさになったものを朝と晩の二回収穫してくれる。

シマウリの粕漬けの場合、下漬けの際にシマウリの大きさが揃っていないと、大きいものは塩がしみないし、小さいものは塩辛くなる。さらに大きさが不揃いのものを袋詰めすると、売れ行きが思わしくない。これは漬物一般に言えることだ。

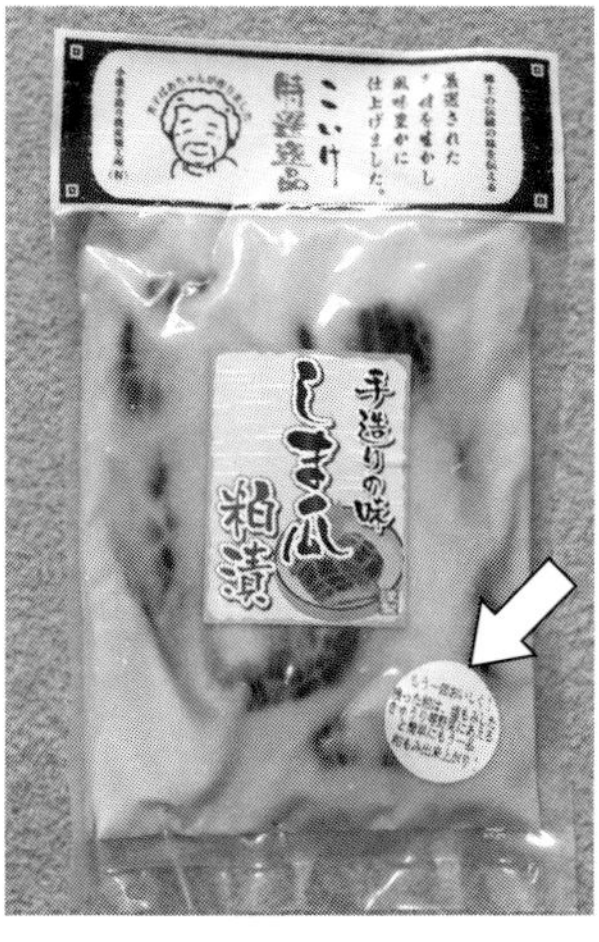

写真1—9 「しま瓜　粕漬」。残った粕の利用法（矢印）を書いたシールを貼っている

ダイコン

市場からLサイズのものだけを仕入れる

ダイコンの加工品として、ダイコンの一本漬けが自社加工品としてとても人気があり、つくるそばから売れてしまう状態で、欠品ばかりが多くなっている。

ダイコンの一本漬けの原料は一年中、すべて市場からLサイズのものを仕入れている。ダイコンの規格としては2L、L、M、Sとあるのだが、仕入れはLサイズのものだけにしている。長野県産が穫れるときには県産のものを使うし、山梨とか三浦のものを使うこともある。また冬場は九州のハウスものを使ったりしている。

写真1—10　「おふくろ大根」はLサイズのものを市場から購入して加工している

Lサイズだとダイコン一本を使っていることがわかる

ダイコンの一本漬けは加工シリーズ『小池芳子の手づくり食品加工コツのコツ　3』につくり方を紹介しているのだが、葉のつけ根部分を少し残し、皮は剥かずひげ根だけ取り、半割にしたダイコンを同じ向きに漬け込む。そして昆布とトウガラシをいっしょに、半割のダイコン一本をまるごと袋詰めしている。このような加工品にするためには、Lサイズがちょうどよいのである。漬けたときの長さもちょうどいいし、一本をまるごと使っているのだということがはっきりとわかる。いくらおいしくてもカットされた漬物だと売れ行きがよくない。買う人は長いまま一本のものを買っていく。

ダイコンが大きすぎると、適当な大きさに切る作業がよけいにかかってしまう。小さければ、袋詰めの際に二本入れるようなことにもなる。

サイズを揃えるメリット

また、いろいろな長さのダイコンで漬物をつくるときに一番問題なのは、下漬けの際に大きさが揃っていないと、塩分濃度が異なってしまい、同じ味の漬物にならないことだ。大きさを揃えるとなると、トリミングや下漬け、袋詰めなど、作業工程のあちこちで効率も落ちてしまう。

　それにこのような荷姿の加工品は先述したとおり、あまり売れない。価格を下げては利益率を下げてしまうことになる。

　このような理由から、自社加工品のダイコンの一本漬けでは、規格の揃ったLサイズのダイコンを市場から仕入れているのである。

ダイコンの仕入れ

　ダイコンは月二回、合計六〇箱（一箱一〇本）ほどを仕入れている。

　品種は、できれば青首は使いたくない。というのもダイコンの一本漬けをつくると、どうしても青首部分の色が悪くなってしまうからだ。やはりダイコンの一本漬けは全体が黄色く仕上がったほうがおいしく見える。

　また、仕入れるときは価格のチェックが欠かせない。私は新聞の相場を見ていて、できるだけ安くなったときに買うようにしている。

　というのも一回に三〇箱三〇〇本ほどのダイコンを仕入れるわけだが、一本で二〇円、三〇円ちがうと一箱で二〇〇円、三〇〇円、一回の仕入れで六〇〇〇円、九〇〇〇円のちがいになってしまう。仕入れ原価がちがえばコスト高になってしまうため、加工所のほうから「ダイコンがなくて加工できない」と言われても買わないこともある。高いときにつくっても損になるからだ。基本的には安いときにたくさん買って、高いときの仕入れは少なくしている。

ニンジン

一次加工でペーストにしておく

　ニンジンの多くはペーストにして一次加工しておく。ニンジンとリンゴを混ぜたジュースが受託品、自社加工品ともに人気で、受託加工でも毎年同じ農家が原料のニンジンを持ち込んでくる。現状の加工所の能力では手一杯のため、いままで受託加工でつくった人のみ受け入れている状態だ。

ジュース加工が主軸

　ニンジンはどちらかというと漬物に合わないので、ジュース加工が主軸になっている。その多くがリンゴのジュースと混ぜたジュースである。千葉県の農家のニンジンと加工所で用意したリンゴを使って「千葉のニンジンと林檎ジュース」としている例もあれば、反対に長野県の農家のリンゴと他県のニンジンを使って「長野県〇〇の林檎とニンジンジュース」として売っている例もある。このように主役を替えて販売しているケースもある。

またニンジンだけのジュース加工としては、雪下ニンジンといった特徴ある原料でつくることもある。雪下ニンジンをつくっている農家が原料を持ち込み、受託加工でニンジンジュースをつくって、自分で販売しているケースである。

写真1―11　加工原料のニンジン。ジュースに加工するので大きさは揃っていなくてもよい　（撮影：河村久美）

大きいニンジンを仕入れることが多い

ニンジンの加工はまずペーストにしてしまうので、ダイコンのように規格についてうるさいことは言わない。大きくても小さくてもかまわない。自社加工品については価格が比較的安い時期に仕入れてペーストにして、随時、ジュースなどに加工している。大きいニンジンのほうがkg単価は安いので、そのようなものを仕入れることが多い。

野菜は諏訪にある卸売市場から相場を見て安いときに仕入れている。地元の市場ではなく、諏訪の卸売市場にしているのは、山梨県と長野県の野菜や果物が集まるので、規模も大きいからだ。

市場の担当者は私の加工所のこともよく知っていて、前年と同じくらいの量は仕入れてもらっている。一〇〇～二〇〇kg持ってきてもらうようなときは、スーパーなどへ搬入するトラックにいっしょに積んできてもらい、加工所に搬入してもらう（運賃は無料）。また担当者がニンジン産地の選果場に連絡して格外品を市場へ持ってきてくれるよう話をしてくれて、安く調達することもある。

しっかり煮込んで舌の滑りのよいジュースに

ニンジンジュースの加工で気をつけなければならないのは、ペースト状に煮込むときにていねいに時間をかけることだ。ジューサーでつぶして、しっかりと煮込み、さらにパルパーフィニッシャーにかけてペースト状にする。ここにニンジンから出たジュースを加えてさらに煮る。ていねいに時間をかけて、とろけるまで煮ることで、飲んだときの食感がザラッとしたところのないおいしいジュースになる。

ニンジンとリンゴがていねいに混ざって舌の滑りのよいジュースに仕上げなければならない。

カブ（赤カブ）

カブの加工はほとんどしたことはないが、先日、木曽の赤カブの受託加工をした。赤カブは漬物にするとき、昔風に塩だけで漬けると色がくすんできてしまう。そこで、塩漬けのときにクエン酸を〇・三％くらい加えて漬け込んでやると、色落ちしないできれいに仕上げることができた。

原料の色を生かすためにはクエン酸を上手に使うことがポイントになる。

タマネギ

価格の変動の少ない野菜

タマネギはトマトソースやタマネギドレッシングなどに使っている。タマネギはネットに入っているものを常時仕入れている。ダイコンなどのように価格の変動は少なく、安定しているので、必要なときに市場から入手している。

春になると芽が出てきてしまうので、出る前には冷蔵庫に入れているが、通常の仕入れであれば芽が出ることはない。

殺菌できないときの対応

タマネギドレッシングをつくるときは、生のタマネギをみじん切りしたものをそのまま容器（ポリ）に入れると発酵してしまう。発酵を抑えるために殺菌しようとしても、容器がポリのために熱に弱く、殺菌することができない。そこで、タマネギドレッシングをつくるときには、一次処理として醸造酢に漬けておく。酢の力で発酵を抑えるのである。ただし、タマネギの量を多くしすぎては、やはり発酵してしまう。たくさん入れればいいというものではないので注意する。

ラッキョウ

国産の生のラッキョウを使う

「らっきょう漬」もたいへん人気の高い加工品である。スーパーなどで売っているものは塩漬けされた外国産のラッキョウを使っているものが多く、塩抜きのときにラッキョウの味も風味も抜けてしまっている。その点、私の加工所の「らっきょう漬」は国産の生のラッキョウを使っていて、味・風味ともによく、おいしいと評判でよく売れている。

価格が安くなってから三回ほど仕入れる

　ラッキョウの新ものが出回るのは、最初は九州産、ついで山口や和歌山などの産地のものが出てくる。砂地や海辺の、水はけのよい土地が適している。九州産は早くから出回るものの、値が高い。そこでラッキョウが多く出回るようになって価格が安くなってから、三回くらいに分けて仕入れている。だいたい一回の仕入れ量は二〇〇～三〇〇kgになる。

写真1―12
「らっきょう漬」

手間がかかる加工品だが……

　「らっきょう漬」は手間のかかる加工品である。生のラッキョウを仕入れたら、泥を水でよく洗い流し、根と芽の部分をひとつひとつ手作業でカットしていく。切ったらまた洗って、塩漬け、塩抜き、本漬けと作業が進んでいく。とくに最初の根と芽を切る作業が手間ひまかかるので、加工所の効率を考えるとあまりうれしくない加工品だが、お客さんがついている商品でもあり、つくらないわけにはいかない。また、いろいろな加工品のラインナップがないと、営業ができないということも考えなければならない。

写真1―13　ラッキョウの下処理。
ラッキョウの両端を包丁でカットする

コンニャク

イモからでなくコンニャク粉でつくる

　コンニャクの加工品はすべて自社製品である。原料はコンニャクイモではなく、コンニャク粉で仕入れている。イモからの加工は手間ばかりかかってしまう。家庭でつくるのならそれでもいいのだが、加工所では原価がとても高くなってしまい、採算が合わない。

写真1—14　凝固したコンニャクを切り分け、袋に詰めて真空包装する
（撮影：河村久美）

コンニャク粉は一袋二〇kg入りで、年間二〇袋以上を使っている。

昔風、ゆるめに仕上げる

コンニャク粉は業者から仕入れているので、特別な選び方というのはない。コンニャクもよく売れる加工品で、昔から手づくりされてきた。目が粗く、気泡が多いコンニャクに仕上げている。そのため、煮たときに味がしみ込みやすくおいしいので、たいへんよく売れている。一日に三〇〇kgずつ出ていくことも多い。そんなときは金曜日にゆでて、休日であっても土曜日に出てきて袋詰めするほどである。年間何万丁も売れる加工品となっている。

業者情報で安い時期に仕入れる

コンニャク粉は価格の変動が大きく、同じ一袋二〇kgのもの（一回の加工で一～一・二kgを使い、加工品が五〇袋できる）が安いときは四万円でも、高いときは八万五〇〇〇円ほどになる。ふつうはコンニャクが収穫される秋から価格が下がってくるので、安い時期に多く仕入れておく。

しかし、平成二十九（二〇一七）年のように秋に価格が下がらないときもある。というのも、秋に雨が多かったためにコンニャク玉が腐ってしまい収穫量が大きく落ち込み品不足を招いて価格が高くなってしまったのだ。

このようなこともあるので、価格の変動を考慮しながらの仕入れになる。このような場合、業者から情報が入ってくる。価格が上がりそうならその前に一度に一〇袋ほど買うことがある。一袋四万五〇〇〇円なら仕入れ額も四五万円と大きくなるが、一袋当たり二万～三万円という値上がりが予測される場合は、このような仕入れが正解になる。

不良品は別の惣菜に活用

コンニャクを一定の大きさに切り分けるとき、袋詰めのときなど、どうしても端が欠けたり、ちぎれたりするものがいくらかは出てくる。このようなときは、別の惣菜をつくるときに利用している。袋詰めのコンニャクは大きさ・重さが決まっているが、惣菜づくりのときはコンニャクを小さくカットして使うことが多い。そのようなときにちぎれたり形の崩れたコンニャクを使うことができる。たとえば、私の加工所の惣菜で言えば「コンニャク　ぴり辛煮」などがこれにあたる。このように加工品に関連した惣菜をつくれると、不良品が出ても上手に利用することができる。

ヤーコン

ジュースに加工

ヤーコンは健康野菜として注目され、非常によく売れた時期があった。私の加工所でも以前には大量のヤーコンを加工してジュースにしていたが、現在はつくっていない。

一五日以上おいて糖度一五度になってから加工

ヤーコンは含まれている成分が糖尿病にいいということで注目された野菜なので、砂糖を加えた加工はすべきではない。ただヤーコンは収穫してすぐだと糖分が少ないので、加工する際には一五日以上おいてから加工するようにする。糖度一五度くらいに上がるのを待って加工する。

アクをしっかり取る

加工のときに気をつけることは、とにかくアクが多いので、煮上げるときにはアクを取って取って取り尽くすくらいに行なうこと。そうしないと、アクがオリのように沈んで黒くなり、とても商品にはならない。しぼったジュースを煮るときには最低でも三回はアク取りをすること。

クエン酸でpHを四・二以下に

また、ヤーコンは酸がまったくないので、ジュース加工をするときにはクエン酸を加えてpHを四・二以下にすること。pHが高いと発酵してびんがはぜてしまうことがあるので注意する。

エゴマ

人気が高く入手がむずかしい

香りと味がよく、健康によいという

ことで人気がある。エゴマは山間の痩せた土地でないと実が採れない。長野では木曽で栽培されているが人気が高く、なかなか入手はむずかしい原料のひとつ。日本産のエゴマはまったく不足しており、木曽のエゴマも木曽の圏外へは出てこないほど。

しぼりかすが使える

しかし、エゴマのしぼりかすが入手できるなら、栄養分や風味は残っているので、それを原料に加工品（おもに「えごま味噌」）をつくることができる。また搾油メーカーではしぼりかすは産業廃棄物扱いで、処分に困っているので、それを入手することができれば、コストを抑えることができる。

液糖で渋みを取る

エゴマは渋みがあるので、この渋みを取るのに液糖というハチミツ系の糖を使うとよい。これはデンプンからつくった糖で、人工的にハチミツと同じ成分にしたもの。糖度はハチミツと同じである。ハチミツを使ってもよい。

写真1—15「えごま味噌」

リンゴ

リンゴは産地ということもあって、それこそシーズンになると山ほど持ち込まれてくる。私の加工所ではそのほとんどをジュースに加工している。受託加工の多い人で、一万本もつくる人がいて、そのときにはジュース工場は二日間、かかりきりになる（ジュース工場は一日五〇〇〇本の能力がある）。ジャムの加工もしているが、その量は少ない。

ビタミンCで褐変を抑える

リンゴは品種によって色や香りが異なるので、加工品にするときにはそのような特徴を生かしたものにしたい。ただ、品種によって味や加工適性も異なっているので注意が必要だ。

リンゴ全般の特徴として、果肉が酸化して褐変しやすいことが挙げられる。そこで褐変を防ぐためにジューサーにかけるときに、酸化防止剤としてのビタミンCを〇・二〜〇・三％加えるとよい。

品種・収穫時期で加工方法を変える

また、若い未熟のリンゴより、やはり熟したリンゴのほうが色よく、おいしい加工品になる。リンゴの甘味と酸味がのっているほうがおいしい。しかし、台風などで落果してしまったようなリンゴで、未熟なものは酸が強いので、その点を考慮して加工方法を変えることである。

写真1—16
原料のリンゴ。傷んで出荷できないリンゴでも、傷んだ部分をトリミングすれば原料として使える

沸騰させない、アク取りはしっかり

生産量が多く、きれいな黄色い色が出やすいふじでは、加熱するときに出てくるアクをしっかり取り、風味を損ねないように八五℃で一五分間の加熱をする。これがリンゴの加工の基本といえる。

もぎとったばかりのリンゴは手早く作業

またもぎとったばかりのリンゴは酸が多く、酸化しやすいので、ジューサーでしぼってから煮釜で煮上げるまでの時間をできるだけ短くすることが肝心である。私の加工所ではこのようなリンゴを扱う場合には、この工程の人員を増やして対応するほどである。

つがるの加工方法

いっぽう、つがるの加工はむずかしい。もともと果肉が白いためジュースなどにしたときにきれいな黄色い色が出ないので、販売しにくい。それに加えて、ペクチン質が多いので、ふじと同じように加工したのでは、びん詰めした後にびんの底に沈澱物（ペクチンのかたまり）ができてしまう。そこでつがるの加工では、加熱をゆっくりし、八五℃になるまで何もしない。そうして攪拌もアク取りもしない。八五℃になってから浮いてきたアクを取るようにする。このようにすると、びんの底に沈澱するものが、アクとなって浮いてくる。このようにアク取りの仕方が、おいしいつがるの加工品をつくるポイントになる。

貯蔵リンゴの加工方法

また、三月を過ぎた貯蔵リンゴは、水分が少なくなっており、ボケ始めて、果肉もやわらかくなってくる。これを加工すると沈澱物が多くなりやすい。このような貯蔵リンゴの場合にも、つがると同じような加工方法をとることで、おいしい加工品をつくることができる。

落果したリンゴの場合

また、台風などの気象災害で熟す前に落果したようなリンゴの場合は、傷がついたものは、その部分をトリミングして使う。未熟のリンゴの場合、ペクチンが多いために、ジュースにするとオリができて、商品価値がなくなってしまう。そこで、このような未熟なリンゴは味もよくないので、ジュースにはしないで、煮詰めてペーストにして、焼き肉のタレなどに使うようにしている。

また品質によっては、ペクチンの多い早生のリンゴにあわせることもある。

紅玉はピンクの色を生かす

リンゴの品種の中でも紅玉はピンクの色と、甘味酸味のバランスがよいのでおいしい加工品になる。高級というイメージがあるので、ラベルには「紅玉」が目立つような表示にすると売りやすい加工品になる。

紅玉のピンクの色をきれいに出す方法として、クエン酸を加えて煮て、果皮の赤い色を抽出するとよい。

ウメ

大きさ、熟度別に加工する

ウメの加工品もたくさんつくってきた。ウメは品種によって大小があるので、それぞれ適当な加工品づくりに利用できる。

私の加工所では、ウメの形状によっておおよそ次のような加工品づくりを行なっている。

大きくて黄色いウメは、梅干しに加工するのに適している。ただし傷があっては梅干しには向かない。青いウメは大小問わず砂糖漬けにしている。そのあとで、砂糖漬けやジュースなどに加工している。ときには品質のよい青ウメを使って青ウメのジャムをつくることもある。また傷があって黄色いウメはジャムにするしかない。

受託加工で困るのが、大小、青黄、傷などが混ざっている原料で、加工のしようがない。原料のウメの品質がバラついている場合は、大小ではなく熟度優先で、できるだけムラのないように追熟させる。ウメの大小は加工工程で選り分けられるが、硬さによる選別はむずかしいし、漬けムラが出てしまうからだ。こうした事情は農家が持ち込んだときに伝えていたこともあり、さすがにいまは持ち込まれるウメの品質にバラツキはなく、受託農家も必ず選別して持ってきてくれる。

一ｔタンク単位の加工

私の加工所では、ウメジュースの砂糖漬け（六五％の砂糖）や梅干しの塩漬けに一ｔタンクを利用するので、それだけの量を一度に持ってこられる農家は少ない。そのため少量の受託加工の場合は、ウメジュースなら加工してある自社製品のウメジュースと交換して、加工賃をいただくようにしている。

写真1―17　天日干し中の梅干し

青いウメを加工するときは、ウメの色を保つために、銅線を使うとよい。砂糖漬けをつくるときに行なう酢抜きのときに入れたり、ジュースやジャムなどの加工では煮釜に入れてやればウメの色をきれいに保つことができる。

なお、ウメは冷凍して保存することもできる。

一五％以下の塩分にするには

梅干しを漬けるとき、発酵しないようにするためには塩分が二〇％ほどは必要になる。しかし、この濃度では塩辛くなりすぎておいしくない。そこで私の加工所では、一二～一五％の塩でウメを漬けている。このように低い塩分濃度でも発酵しないようにするために、冷蔵庫に入れたり、重石を重くしてウメが塩水の中に浸かっている状態にするのがポイントである。

傷ウメは練り梅に

梅干しをつくるときには天日干しをハウスの中で行なっている。天候に左右されにくいので、品質のよい梅干しに仕上げることができる。ただ、干しているウメをときどきひっくり返すとき、ウメの皮が破れてしまうものがいくつか出てしまう。加工所ではそのような傷ウメは取り除いて、練り梅に加工している。練り梅なら外観は関係ないので、梅干し用には使えなかった傷ウメも、別の加工品にすくい上げることができる。このように商品にならないものを、別の商品にすることで、効率をよくし、コストを抑えることができるのである。

商品のラインナップを考えるときには、このような不良品をすくい上げられるような別の商品を開発することも大切なポイントである。

ブドウ

有色のブドウならジュースにしやすい

ブドウの加工というとまずジュースが挙げられる。果皮の色の濃い品種がジュースには適していると思う。そのような品種の場合、色を抽出するためにクエン酸を使うことがポイントになる。しかし果皮に色があっても、うすいものは、果肉が透明に近いので、なかなかおいしそうな色のジュースにならない。白っぽい水のような見た目になり、味はよいのだが白いジュースになる。

ろ過によって果肉を取り除く

ブドウの加工で注意することは、必ずろ過をすること（ほかのほとんどのジュース加工でも同じ）。ブドウや果肉から色が悪くなってしまうので、ろ過器を通してその果肉を取り除く必要がある。

ジャリジャリ感をなくしたジャム加工

またジャムをつくることもあるが、これも果皮の色の濃い品種を使う。白っぽいジャムでは魅力がない。ただ、ジャムづくりではブドウの酒石酸が果汁のカリウムと結びつき結晶化して、ジャリジャリという悪い食感になる。そのため、従来はブドウのジャムはたいへんむずかしいとされていた。

この結晶化を防ぐには糖度を五〇度以上にしなければならない。そこで、グラニュー糖だけでなく、甘さを砂糖ほど感じないトレハロース（あるいはサンマルト）という糖質、さらに水あめを配合して使うことで糖度を五〇度以上に上げることで、結晶化による悪い食感をクリアできることがわかった。種類の異なる糖を組み合わせることで、糖度は五〇度以上なのに、甘さの感じは四五度にすることができ、甘すぎず、ジャリジャリという悪い食感のないブドウジャムをつくることができる。詳しくは『小池芳子の手づくり食品加工コツのコツ　1』のジャム類のページを参照。

ブルーベリー

品種の特徴を生かす

ブルーベリーはジャムかジュースに加工している。最近はいろいろな品種が出てきている。品種によって糖や酸が大きくちがうので、その特徴を生かした加工品をつくりたい。アントシアニンや抗酸化物質などが含まれていて健康にいいということが一般にも浸透して、注目されている。

品種は大きく二つに分けられる。ワイルド（野生種）と呼ばれる小粒で酸が多いものと、カルチ（カルチベイトの略で栽培種）と呼ばれる甘くて酸が少ない生食用のものがある。

自社製品としてはワイルドをおもに使ってジュースをつくっているが、受託加工ではそのほとんどがカルチである。ブルーベリーの摘み取り園の生食できる品種が原料として持ち込まれるからだ。

写真1―18
ブルーベリーのジュース

色をきれいに出す加工を

ブルーベリーは何と言ってもその色に価値がある。色をきれいに抽出することが加工品づくりでは大切である。酸っぱいブルーベリーならクエン酸を加えなくてもよい場合もあるが、甘いだけのような品種はクエン酸をしっかり加えることが大切だ。ブルーベリーはいろいろな品種がつくられているので、その品種ごとにクエン酸の使い方を変えて加工するようにする。

ブルーベリーを受託加工する場合には、すぐに加工して製品を受け渡す。自社加工する場合は、粒のまま冷凍して保管し、製品がなくなりそうになると加工するようにしている。ブルーベリーは冷凍しても栄養価は落ちないし、色はかえってよくなるように感じている。

ミカン

ミカンの加工品としては、愛知県の農協から持ち込まれる温州ミカンを受託加工でジュースにしている。ほかに自社加工でも「みかんジュース」をつくっている。

ミカンのジュースは、まるごと、皮がついたままの果実をしぼってジュースに加工する方法が一般的だ。しかし、私の加工所では、ひとつひとつ皮を剥いてからジュースをしぼっている。ひと手間よけいにかけることで、味のよい、風味の高いジュースにすることができる。表ラベルにも「皮手むき」と表示している。

写真1—19
「みかんジュース」の表ラベルには「皮手むき」と表示

写真1—20
「桃　完熟果汁」

ナシ

ペーストにして一斗缶で貯蔵

ナシはジュースに加工したり、焼き肉のタレなどいろいろな加工品の原料になる。ナシも季節の果物なので、焼き肉のタレなど周年加工し販売するために、ペーストにして一斗缶に入れて貯蔵している。とくに焼き肉のタレの原料としてはリンゴに比べて香りがないので適しているように思う。

発酵しないようしっかりガス抜き

焼き肉のタレはガス抜きをしっかり行なわないと、発酵して、びんがはぜたり、変敗したりする。果肉を入れるほどガスが出る。本来は桶に入れておいてかき混ぜることでガス抜きをする。一ヵ月の間ずっと、ガス抜きを行なう人もいる。

時間をかけてつくることはなかなかできないので、私の加工所ではナシをペーストにして一斗缶で貯蔵し、適宜、加工に使っている。焼き肉のタレをつくるときは、このペーストを原料に朝から煮て、夕方にびん詰めしている。このようにペーストに一次加工して一日中煮ることでガスが出なくなった。

モモ

変色しやすいので手際よく加工

モモは果肉がやわらかく、変色しやすい果物のため、加工の工程すべてを手際よく行なわなければならない。おもにジュースのような加工品にするのだが、ジュースだけしぼることはできない。加工機器としてろ過機を必要としない果物。

果肉の変色を抑えるためにビタミンCを、果皮の色を抽出するためにクエン酸を加えてモモをまるごと煮る。これをパルパーフィニッシャーにかけて裏ごしすると果肉と皮とジュースがいっしょになったペースト状のものが出てくる。ドロッとするが、種取りをしただけのモモのジュースはたいへんおいしい。

ペースト状にして一斗缶で貯蔵

なお、この裏ごししたペースト状のものを一斗缶に詰めて貯蔵することもできる。モモのジュースは半年もすると色が悪くなってくるので、いっぺんにジュースに加工しないで、一斗缶で貯蔵したものを使って、在庫がなくなりそうになったらつくるようにするとよい。一斗缶で貯蔵すると変色しないので都合がよい。

キウイフルーツ

果肉の色と黒いタネが魅力

キウイフルーツも最近はいろいろな品種が出てきている。黄色い果肉の品種もある。果肉が緑のもの、黄色のもの、どちらにしても透き通った果肉に黒いタネのハーモニーが魅力だと思う。この果肉の色とタネを上手に残すように加工することが大事になる。

タネを残すために裏ごしはしない

たとえばジャムに加工するときに、裏ごしをかけてジュースのようになったものを煮詰めていけばジャムになるのだが、これでは裏ごしによってタネが入らなくなってしまう。少し手間になるが皮を剥いて、その果肉を前日に砂糖漬けにしておく。このようにしてから煮上げていくことでタネを取り込んだ、きれいな加工品にすることができる。

銅線を使って緑をきれいに出す

問題は緑の果肉のものは、煮詰めていくと茶色に変色してしまうこと。そこで煮始めたら変色しないように銅線でつくったリングを入れてやる。ただし、長く入れすぎると緑が不自然に濃い感じになり、おいしそうに見えない。また、何か着色料を使っているのではないかと買う人を不安にさせてしまいかねない。銅線を入れている時間は、五分程度で十分。長すぎてはいけない。

皮を剥いたものを使う

なお、キウイフルーツは加工所で皮を剥くと経費（手間）がかかりすぎるので、皮を取り外した形のものを受け入れている。

卵

近くの養鶏場から仕入れる

私の加工所では卵の加工品として、「味つけ卵のくん製」がたいへん人気がある。これは、ゆで卵を調味液で煮て、くん製にした加工品である。

原料としての卵は、特別なものは必要ない。近くの養鶏場から仕入れている。

味つけ卵のくん製は、ゆで卵を味つけしてくん製にする工程を経るので、けっこう手間のかかる加工品でもある。

殻が剥きやすい時期がある

ゆで卵は殻剥きが必要になる。新鮮な卵はゆで卵にはできるものの、殻がきれいに剥けない。そのため、原料の卵は産卵後ある程度日数が経ったものを使わなければいけない。冬場だと温度がある程度あるところ（暖かい部屋など）に三～四日置いてから加工する。夏場だと二～三日経ったものを使う。日数が経ちすぎるとゆで卵に凹みができてしまう。

殻剥きは、なれが必要

ゆで卵の殻は剥きなれていると、とても早く剥けるが、なれていないと時間ばかりかかることになる。私の加工所の従業員はなれているので非常に手際がよい。

ただし、加工所が忙しいときには殻を剥いている時間・手間が惜しくて、殻を剥いてある卵を仕入れて加工することもある。

加工に適した副素材を知る、選ぶ

副素材選びの基本

副素材は加工品の味をよくするためのものである。しかし、加工品の味は、ひとつの副素材だけでよくなるものではない。リンゴにニンジンを合わせる、しょうゆに白しょうゆをブレンドするといった素材や副素材の組み合わせによっておいしくなるのである。

副素材を選ぶときは、味が一番の決め手である。先にも記したように、まずいものを使ったのでは、まずい加工品しかできないからだ。ただ、高級品を使ったのでは原価が高くなってしまい、割に合わないことになる。また、大量に使うものについては、業務用のものを使うのが基本で、コストを考えた仕入れをすることも加工所の経営をまわしていくためには必要なテクニックになる。

副素材は加工品の味をつくるために使うわけだが、担当しているつくり手は加工品が仕上がるまでに何度か味見をするために、味に鈍感になっていることがある。そこで仕上げのときは別の人が味見をして最終的な判断をすることも大切である。たとえば私の加工所では、ジャムをつくるとき、最後の味はできるだけ常温に近い状態で二〜三人が味見をして決めるようにしている。

さらに、単品では品質の高い副素材でも、いくつかの味を合わせて味つけすると、ほかの副素材とケンカをしてしまうこともある。副素材どうしを上手に合わせて、相乗効果でおいしい味に仕上げることが大切なのだ。また、味つけには地域や年代によっても好みがあるので、その点も考慮しなければならない。

以下、私の加工所での副素材などの選び方・仕入れ方を紹介する。どこでもできることではないかもしれないが、参考にしていただきたい。

砂糖

クセのないグラニュー糖を使う

砂糖はグラニュー糖を使っている。上白糖を使っている加工所も多いようだが、上白糖はアクが出て、味がしつこいように思う。砂糖の種類では中白やザラメなどもあるが、色がよくないし、やはりアクが出る。その点、グラニュー糖ならクセもなくて使いやすい。またジャムなどでは自然食品店向けのような特殊な販路に載せるときには粗精糖を使ったり、煮詰めて赤黒くなる懸念があるとき（イナゴの甘辛煮、蜂の子の甘露煮）には、早く仕上げるために水あめ（麦芽糖）を使うこともあるが、まれである。また受託加工でてんさい糖を使ってほしい、と言われる場合は使うこともあるが、当然、原価が高くなってしまうことになる。

業者から仕入れる

グラニュー糖は小売店だとけっこう高い。上白糖などより高いことが多いのだが、業者から仕入れれば小売りの上白糖より安く仕入れられる。

お母さん方の加工グループでよくやるのは、スーパーの安売りなどで買う方法。これでは仕入れが安定しないし、コストも変動する。小さな加工グループならいいかもしれないが、きちんと従業員に給料を払って雇用できるような加工所にはならない。業者から仕入れることだ。

砂糖の使い方

砂糖の使い方は人によってちがうと思うが、入れるタイミングとして、最初から入れる、半分とか三分の一を入れて馴染んでから残りを入れるというような入れ方がある。一度に入れるとと煮詰まって甘くなりすぎてしまうことになるので、基本は最後に味を見て調整することだろう。

また、少しずつ入れていくやり方でこわいのは、あとで甘さが出てくること。たとえばジャムを煮上げていて、砂糖を入れ、糖度を測って砂糖の量を調整する。このとき砂糖が溶けて十分煮詰まってくる前に糖度を測ると、数値が低く出てしまうことがある。低いからといって砂糖をさらに加えると、今度は製品にしたときに糖度が高くなってしまうことがあるので注意が必要だ。

塩抜きにも使う

砂糖は塩漬けした野菜の塩抜きにも使う。塩漬けしてある漬物に、三％程度の砂糖を霜降りにして、二倍ほどの重石をする。すると砂糖の浸透圧で野菜の中の塩と水分が引き出され、砂糖が入り込む。野菜の中に残っている水が漬物の味を落としたり、変敗させたりするので、その水を砂糖で外に出すようにすると、漬物に甘味が加わることになるので、おいしい漬物になる。

使った砂糖の量、使い方を記録しておく

私の加工所では、毎年、受託農家の加工品ごとにレシピをつくり、いつでも見ることができるようにしている。毎年積み重ねたレシピを見て、加工するので、いつも同じ味の加工品をつくることができている。このことは同じ味をつくり続けるためには非常に大切なことで、加工所でつくる加工品のそのときどきの原料の量や副素材の量、加工の過程、できた加工品の量などを記録しておくとよい。それが加工所の財産になっていくからだ。このことは砂糖だけでなく、加工品をつくるときに使うすべての原料・副素材についても同じで、レシピとして記録しておく。そうして、そのレシピをもとに加工品をつくり、最後に味を見て微調整するのである。

大量に仕入れて、使う分だけ持ってきてもらう

加工所では、砂糖は業者から仕入れているが、月に二〇〇袋ほどの量になる。一年では二〇〇〇袋以上になる。

基本的に月に二〇〇袋の砂糖を仕入れるのだが、加工所に持ってきてもらうのは一回に一〇袋とか二〇袋にしてもらっている。いっぺんに二〇〇袋も砂糖を持ってきてもらっても、置くところもないし、使わない分はじゃまになる。使うときまで業者に一時的に保管してもらっておくのである。

価格が上がる前に仕入れておく

また、これだけの量になるとkg当たり一〇円価格が上がるというようなときは、前もって業者から買ってその倉庫に置いておいてもらい、必要なときに配達してもらう。砂糖は一袋二〇kgなのでkg当たり一〇円の値上げだと、一〇円／kg×二〇kg／袋×二〇〇袋／月＝四万円／月になる。一月に四万円の純益を出すことは容易なことではない。

一〇円上がるというような情報は、営業マンが持ってくることが多い。日頃から営業マンと仲良くして、いろいろな情報を集めることが大切になる。

塩

海水からとった並塩で十分

塩は海水からとった並塩、鳴門でつくられているものを使っている。塩もピンからキリまである。天日干しで手作りした塩や、岩塩のように味はよく

ても単価の高いものは使えない（岩塩は粉にするのがたいへん）。

漬物がおいしくできる塩

塩は高いものを使っても採算が合わない。漬物にはたくさんの塩を使うが、あとで塩抜きをして流してしまうことになる。このような用途が多いので、よほどこだわった加工品をつくるなら別だが、一般のモノづくりに使っているふつうの塩で十分といえる。

塩漬けでカビない塩度は二〇％以上だが、私の加工所ではキュウリの下漬けでは三〇％にし、重石を約三倍で漬け込んで、それこそぺしゃんこになるくらい漬け込んでいる。このようにすることでキュウリから水をしっかり出して、漬物が悪くなるのを防ぎ、そのあとの調味などがしっかりできるようにしている。

塩の活用いろいろ

レンコンを少量の塩を入れた水で煮ることでぬめりを取ることができる。

また、ウメの砂糖漬けでは、塩もみしたウメを二～三日おくことでタネ離れがよくなる。そのあと、水に浸けて塩を抜き、ビールびんで叩いて実を割り、すぐに砂糖に漬け込む。塩もみはタネ離れをよくするためでもあるが、塩もみせずにいきなり砂糖に漬け込んでしまうと、ウメの水分が砂糖に奪われて外に抽出されジュースになってしまう。ウメの実も水分が奪われるのでしわしわになってしまう。塩もみをすることで、砂糖漬けにしてもウメの形をしっかり残すことができる。

塩漬けの基本

塩漬けの基本は塩の量は原料の三～五％、重石は三（～五）倍というものである。しかし、原料やどのような加工品をつくるかによっても変える。たとえばダイコンでは塩は五％、重石は約五倍で下漬けするし、キュウリでは塩は三〇％、重石は約三倍にして、短時間でしっかりと水を出し、そのあとの調味漬けに利用している。

とにかく塩漬けでは、原料の野菜からしっかりと水を出すことが目的である。水をしっかり出すことができれば、傷むことはないし、味をしっかりしみ込ませることができるのである。

塩などの仕入れ先の決め方

また、ほかの副素材の場合にも言えることだが、塩なら塩の販売店の専門家に聞くのが賢いやり方だ。聞けば原料（海水）からつくり方までいろいろ話してくれる。また、付き合いのある流通業者に相談すると、メーカーを連れてきて、引き合わせてくれることもある。流通業者を通しても価格が高くなることはない。二つの異なる業者から仕入れた塩が同じ価格になるようにメーカーは価格を決めているものだ。そうでないと、業者間のトラブルになることがある。同じものであれば、同じ値で買える。また量も多いので、高くなることはない。

しょうゆ

国産の丸大豆が原料のものを使う

しょうゆは国産丸大豆しょうゆを使っている。やはり原料は国産の丸大豆を使っていることがポイント。大きい会社より小さい会社でも手づくりでしょうゆをつくっているところのものがよい。しょうゆはきちんと発酵を経てつくられたものでないと、本当のうま味は出てこない。そして同じものを使い続けていくことが加工品をつくっていく上では大切なことだ。しょうゆを変えれば加工品の味も変わる。同じ味につくり続けることが何よりも大切なことだ。

単価が多少高くても、一回に一升も使うわけではないので、品質のよいしょうゆを選ぶことである。

白しょうゆとのブレンドで使うことが多い

また丸大豆しょうゆだけでなく、白しょうゆも使うことがある。多くの加工品では丸大豆しょうゆと白しょうゆをブレンドして使うようにしている。

二つのしょうゆのちがいは、丸大豆しょうゆは色が濃くて塩味はうすいのだが、素材の味をごまかしてしまうというのか、そういうきらいがある。対して白しょうゆは塩分が強く塩辛く感じるのだが、素材の味をじゃましない。また色がうすいので素材の色を引き立てることもできる（松前漬け、しみ豆腐の含め煮）。

丸大豆しょうゆだけを使うと、ふつう色が濃くなりすぎてしまいがちだ。また白しょうゆだけだと、塩味が強いので、それが前面に出てしまいやすい。そこでこの二つのしょうゆをブレンドして使うことで、煮ると上品な味になり、しょうゆの味がきつく出すぎない加工品がつくれる。素材の味を生かしながらブレンドして使うとよい。

白しょうゆを使う場面

たとえば、ニンジンやゴボウにつかう場合には、色をじゃましないように白しょうゆを多めに使う。また味ごはんをつくるときにふつうのしょうゆを多く使うと色が濃くなりすぎてしまう。このような場合でも、白しょうゆを多くすることできれいな色に仕上げることができる。シイタケのような濃い色の素材ではどんなしょうゆを使っ

写真1―21　しょうゆの濃さ。ふつうに使われる濃いくちしょうゆ（上）と白しょうゆ（下）

てもよい。

またしぐれ煮をつくるようなときは、レンコンやちくわ、ニンジン、レンコンなどをそれぞれ煮て、最後にあわせて袋詰めするのだが、このときレンコンやニンジンは白しょうゆを使う。ふつうの丸大豆しょうゆではきれいな色を保つことができないからだ。

このようにしょうゆをその特徴にあわせて使うことで、素材の色と合わせた味づくりをしていくことが基本となる。

しょうゆを入れるタイミング

しょうゆを入れるタイミングは、いろいろあるが、早く入れて味をしみ込ませてしまうと、戻すことができない。しょうゆを入れてから煮る時間が長くなるほど辛くなってしまうので、しょうゆを入れたら鍋から早めにおろすことが大事なポイントである。

みりん

本みりんを使う

みりん風調味料（調味みりん）ではなく本みりんを使う。みりんもピンからキリまであり、価格も一〇倍くらいの開きがある。高いものを使う必要はないが、まん中くらいのグレードの本みりんを使いたい。

みりん風調味料は糖が主成分で、アルコール含有量が酒類対象外になる一％未満のみりん類似の調味料のことだが、本みりんと比べて、価格は安いものの、明らかに味は落ちる。おいしい加工品をつくるには本みりんを使うこと。

一升びんで五〇〇〇～六〇〇〇円する本みりんだが、業務用なら安く仕入れることができ、二〇ℓの容器入りのものではありません。なお、味がよくても外国産の米を使ったみりんは、私の加工所では使わない。これもこだわりのひとつである。

本みりんで味よく仕上げる

加工品で本みりんを使っているものは少ないように思う。逆に言うと、本みりんを使うことで、加工品が味よく仕上がるので、宣伝をしなくても売れていく。味のよいことがわかれば、リピーターが増えるのはもちろんだが、それに加えて、ほかの商品も売れていくものである。味よく仕上がった加工品を買った消費者は、「この加工所ならほかの商品もおいしいだろう」とほかの商品も購入するようになる。このようにして加工所のブランドが育っていくことになる。このようなことを見越して副素材などを選ぶことである。

終わりの段階で使う

みりんは基本的にはテリを出すために加工工程の終わりの段階で使うことが多い。みりんは五％程度のアルコールが入っていて、これが風味を高くしうま味をつくる。工程の早い段階からみりんを入れたのでは、このアルコールが飛んでしまう。それではみりんの価値はなくなってしまうから、終わりの段階で使うのである。

日本酒

日本酒は煮物や漬物などに使っている。味を調え、含まれているアルコールによってカビを防ぐ効果もある。

日本酒も大吟醸とか純米酒とか、いろいろな種類があるが、お酒として飲めるものであれば安いものでよく、味が落ちることはない。私の加工所では「鬼ごろし」という日本酒を使っている。

後述する酒精のようにアルコール度数の高いものは味を落としてしまう。日本酒のように一五度程度であれば、味よく仕上げることができる。

カビ止めの薬のようなもの（防腐剤）などもあるが、自然体の商品にすることがよく、添加物は使わずに、自然のもので味を調えていくことが大切だ。

酢

醸造酢を使う

酢はミツカンの醸造酢（米酢）を使っている。酢もみりん同様、醸造酢でないと価値はない。酢酸を薄めてつくったような酢は本来の酢としての価値を持っていない。酢は本来、発酵を経てつくられるもので、そこに醸造酢ならではの酸っぱさやうま味がある。

酢酸を薄めてつくった酢では、ノドを刺す酸っぱさはあるが、味がない。加工品をつくってもおいしくない。醸造酢を選ぶときも酢の味で判断して選ぶことが大切だ。

私の加工所ではリンゴ酢などの果実酢もつくっているが、果実酢を加工原料として使うことは少ない。果実酢には原料の果実のかおり・風味があり、それが生かせる場合以外の加工品には米酢を使っている。果実酢は果実酢として売ったほうがはるかに利益が出るし、原価が高くなってしまうということも考えなくてはいけない。

保存性を高めてくれる

酢は加工品の保存性を高めるための必需品でもある。漬物などではメーカーのものは添加物や防腐剤を使っていることが多いが、農産加工ではできるだけ使わない方法をとりたい。しかし、添加物なしの漬物では日持ちがしなかったり、途中で発酵して酸っぱくなったり、さらには包装している袋がふくれてしまったりすることがある。そのようなことがないように、酢やアルコール（酒精）を上手に使うことで、雑菌の増殖を抑え、保存性を高めることができる。

たとえばダイコンの一本漬けをつくるとき、最初に五％で塩漬けをし、二回目に塩抜きのために砂糖三％で漬け、漬け汁を捨ててから本漬けに入る。この本漬けのときに、ダイコン一〇kgに対して、醸造酢五〇〇cc、砂糖五〇〇g、酒精二〇〇cc（アルコール度数九〇）を使っている。保存料や防腐剤のような添加物を使わない漬物をつくるときは、醸造酢・酒精は必需品と言える。雑菌の増殖を抑え、酸っぱくなったり変敗したりすることを防ぎ、保存性を高めてくれる。

酢の酸味以外の効果

酢は酸っぱい味があるが、そのほかにもたとえばウメの刺すような酸味を抑えてまろやかな味にする効果もある。また暖かい時期に漬物をつくるとき、酸っぱさを感じない程度に酢を加えることで、カビの発生を抑えることもできる（酢を使えばカビないということではない。きちんとした加工工程を経た上で酢を使うので効果がある）。

また、たとえば私の加工所の人気商品として「玉ねぎドレッシング」がある。試作したときのタマネギの量では発酵して、容器がふくれてはぜてしまったのだが、タマネギを一〇g減らして、その分、酢を一〇g入れたことで発酵を抑えることができた。単価は一〇円のちがいだった。このように酢を上手に使うことで、発酵して商品にならないものになるか、ちゃんとした商品になるか、まったく別物になることもある。酢にはそれだけの力があるということだ。

「玉ねぎドレッシング」をつくるとき、みじん切りしたタマネギを酢に漬けておいてつくる。容器に充てんしてから発酵しないようにするひとつの手立てである。

またレンコンを惣菜に加工するときに、そのアクを取るのにビタミンC（〇・三％）といっしょに醸造酢（〇・三％）を使う。黒ずみやすいレンコンを白くきれいなままで加工することができる。

米酢は私の加工所では多く使うものなので、みりん同様、業務用のものを二〇ℓの容器で仕入れている。

みそ

みそは委託製造してもらったものを使っている。粒のあるものでなくなめらかな漉してあるみそを使っている。自社でみそまでつくる手間がないので、みそ屋さんに、つくる時期やつくり方を指定してつくってもらっている。

だし

加工所では鰹を中心にしただしを使っている。業者にこういうだしをつくってくれと依頼し、特注でつくってもらっている。私の加工所だけで使う契約になっている。

寒天

従来とは異なる性状・性質の寒天

寒天は、三年前頃から使い始めたもの。寒天の原料は海藻で、自然・天然由来のものである。技術革新によって、従来の寒天とは異なる性状・性質を持った寒天がつくられている。

時代の変化、技術の進歩によって、加工品に使う副素材や添加物は時代とともに変わってくる。そのような時代の変化に対応し、いろいろな情報を知ることは重要で、そんななかから自然・天然由来のものを使うようにしたい。

ペクチンの代替として使える

当加工所では、ペクチンと同じような効果を出せるようにつくられた「寒天」を使って加工品などをつくっている。とろみをつけるペクチンの代替となる場合は、寒天を使うように切り替えている。たとえば桜の花を、お湯の中に浮かんでいるようにつくることもできる。またクリの渋皮煮の大きな一粒をおしゃれな容器に入れて煮汁に浮かべるようにすることもできる。

なお、寒天は酸に弱いので、ドレッ

シングなど酢を使う加工品には、ペクチンを使う場合もある。

ペクチンの代わりに使う理由

ペクチンの代わりに寒天を使うのは、表示に「ペクチン」とあるより「寒天」とあるほうが、より自然のものを使っているということで売れ行きもよいからだ。

なお、性状・性質が従来の寒天とちがっていても、表示は「寒天」でよい。

クエン酸

自然由来の原料からつくられたものを使う

クエン酸は食品添加物で、pH調整や色素を抽出するときに使う。現在はトウモロコシを原料に発酵させてつくられているものがあるので、そのようなクエン酸を使うようにしたい。

微生物の活動を抑え変敗を防ぐ

クエン酸はpHを低くして微生物の活動を抑え、びんがはぜたり、加工品が変敗したりするのを防ぐために使っている。pHは四・二以下にしないと、容器内で微生物が増殖して発酵し、はぜてしまう。リンゴジュースはそのままでpHが四・二以下のものが多いのでクエン酸を入れなくてもジュースのびんがはぜたりしない。しかしトマトジュースなどはpHがそれほど低くないので、クエン酸を入れてpHを四・二以下に調整しないと、びんがはぜてしまう。pHが四・三でもはぜることがあるので、クエン酸を加えて四・二以下にしなければならない。

またレモン汁を使うという方法もあるが、レモン汁はいくら酸っぱくてもそれほどpHは下がらないものだ。「酸っぱい＝pHを低くできる」ということではない。勘違いしている人が多いので注意したい。pHメーターできちんと加工品のpHを測ることが大事である。

色の抽出に活用できる

また、たとえばリンゴの紅玉のジャムをつくるとき、皮の赤い色素を抽出するのにクエン酸を加えた水に一晩浸けておき、さらに熱を加えることできれいな真っ赤なジャムをつくることができる。「クエン酸＋加熱」によって、原料の色素を抽出することができる。色がうまく出ない、というようなときにこのような方法をとるとよい。

多く使えばいいというものではない

クエン酸は〇・三％以上使う必要はない。多く使えばいいというものではない。適量を使うことだ。

一袋（二五kg）あれば、当加工所でも一年間不足することはない。一袋で六〇〇〇～八〇〇〇〇円ほどである。また一kg単位でも販売されており、一〇〇〇円前後している。

ビタミンC

酸化による褐変を防ぐ

酸化を防ぐために使う食品添加物。パイナップルを原料に発酵させてつくられているビタミンCを使っている。使用料は〇・二～〇・三％程度である。リンゴやモモなど空気に触れると褐変してしまうような原料に使うと、褐変を防ぐことができる。

色が悪ければ売れない

直売所に並んでいる加工品で、ビタミンCを使っていないために色がよくないものが少なくない。パイナップルのように自然由来の原料からつくられるものはおそれずに使うことである。ビタミンCを使わないことにこだわっても、色がきれいに仕上がっていなければ手に取ってもらえない。売れなければ農産加工をしている意味がない。

単価は高いが使う量は少ない

ビタミンCは二〇kg一袋あれば、当加工所の規模でも一年間は十分にもつ。kg単価は一五〇〇円くらいである。

酒精

ウリ類の漬物のパリパリ感を出す

酒精はアルコール度数が六〇～七〇度の液体である。加工品ではシマウリやキュウリを漬けるときなど、おもに漬物に使っている。アルコール度数が高いので、少し入れただけでパリパリした食感が得られ、一年経っても味と

写真1—22　ニンジンとリンゴのミックスジュースの裏ラベル。酸味料（クエン酸のこと）、酸化防止剤（ビタミンC）（矢印）の表示がある

食感を保つ効果がある。焼酎よりパリパリに仕上がっておいしい。

たとえば、シマウリの粕漬けをつくるときは、塩漬けのときににがりを加えることでパリパリでやわらかくならないようにしている。さらに、本漬けのときに酒粕と酒精を混ぜて粕をやわらかくしている。入手しづらい酒粕を少なくするとカビが発生しやすかったり、発酵が進んで酸っぱくなったりする。それを抑えるために六〇度の酒精を使っている（酒粕四kgに砂糖一〜二kg、酒精五〇〇ccの割合）。酒精はアルコール度数が高いので微生物の増殖を抑える効果が高く、保存性を高めてくれる。

また、ウメの砂糖漬けのように、形を残すように加工する場合も、酒精を少量使うことで、長期間、やわらかくなるのを防ぎ、形を保つことができる。

なお、酒精は多く使用するとシマウリやキュウリの味がなくなるから、注意して少量使うようにする。

いろいろな場面での殺菌に使う

酒精はアルコール度数が高いので、殺菌効果が高いことから、容器に入れて消毒にも利用している。酒精は一斗缶で購入して、そのまま小分けしてスプレー容器に入れ、加工所のあちこちに置いて使っている。価格も安いし、効果も高いのでお勧めである。

加工の作業に取りかかるときには、必ず、手袋の上からシュシュとスプレーしている。手袋の上からだけでなく、イチゴを冷凍保存するときに使う黒い袋にもスプレーする。雑菌を抑える効果が高いので、しゃもじや、かい、バンジュウなどを使う場面では必ずスプレーして使うようにしている。このようにスプレーして使うのは社員にとっては当たり前のことで、からだに染みついていると言える。

着色に使う原料

ダイコン漬けに使うクチナシ液や赤い色づけに使うパプリカ粉は市販のものを使っている。ただし市販といってもふつうのお店には売っていないもので、材料屋さんで購入している。

第2章

加工所の効率を上げる
――受託加工と釜の空かないシステム

私の加工所が安定し発展してきたのは、「受託加工」と「釜の空かないシステム」という二本柱で経営してきたからである。本章では、それらのメリットと実際を紹介する。

受託加工の方法とメリット

受託七割・自社三割

四つのメリットがある

自分の家の蚕室を改造して加工所にして独立した昭和六十一（一九八六）年当初、売上げは九〇〇万円ほどだったが、平成十二（二〇〇〇）年には一億円を超えるまでになった。いま（平成三十年）では第二工場（喬木工場・びん詰・缶詰、惣菜など）と第一工場（飯田工場・ジュース）あわせて三億五〇〇〇万円にまで延びている。

このように経営が発展してきたのは、受託加工七割、自社加工三割という製造割合が大きく関係している。とくに受託加工を取り入れることのメリットは非常に大きい。

簡単にそのメリットを挙げてみる。

①受託加工では製造した加工品の量に応じて加工料を得られる。

②受託加工した加工品は農家が販売することになるので、営業も必要なく、在庫も抱えない。

③自社加工品の売上げと加工料という二本柱により経営が安定する。

④加工所の品目数・製造量を多くすることができ、加工所の施設・加工機器の能力を引き上げることにつながる。

①～④について以下、詳しく説明しておこう。

受託加工のメリット

①加工料が得られる

②営業コスト・在庫なし

③受託＋自社で経営安定

④加工機器の利用効率アップ

儲けにつながる加工料が得られる

製造した加工品は売り上げた額がそのまま加工所の儲けになるわけではない。人件費や原料の仕入れ価格、加工機器の電気代や包装費などなど、さまざまな経費を差し引いて、残ったものが儲けになる。

受託加工の場合は、原料は受託農家が持ち込むし、電気代や包装費などのもろもろの経費を積み重ねた額を加工料としている。つまり儲けが出るように加工料を設定している。だから加工所の能力内であれば、受託加工が多いほど、確実な儲けとなる。加工は現金取引なので、会社の資金運用ができるのもメリットである。

営業コスト・在庫なしの加工所

私の加工所の場合、受託して製造した加工品は、受託加工農家が販売する。また「自分で売らないならつくらんよ」というスタンスで取り組んでいるので、受託加工農家は独自の販路・販売方法でその加工品を売っていくことになる。

自社製品なら、販売方法などを考え、多くの方に選んでもらえるようマーケティングを考えなければならない。しかし受託加工品はつくるだけで、売るのは受託農家ということになるので、販売方法などは受託農家まかせでよいことになる。

販売するということはなかなかたいへんなことで、ラベルや価格設定はもちろん、直売所に並べるにしても加工品を運び込む手間がかかり、売れ残った場合は引き取りに行かなければならない。よく売れる商品だったとしても、直売所に手数料を支払わなければならない。

また、加工したものが全部一度に売れるわけではないから、在庫としてその商品を保管しておかなければならない。保管場所も必要になるし、製造日や賞味期限などの管理も必要になる。

このように自社で売るということは、コストがかかり、リスクが伴うことなのだ。その点、受託加工であれば、いま述べたようなコストやリスクは発生しない。加工所にとってリスクの少ない経営ができるということになる。

写真2—1　加工を待つ受託分のリンゴ
（撮影：河村久美）

二つの柱で経営が安定

受託加工をしていれば、加工所の売上げは、自社加工品の売上げと受託加工品の加工料の二つということになる。受託加工品の場合は、加工所全体の製造量に比べて販売コストや在庫発生に伴うコストがかからないというメリットがある。自社加工品には販売努力が必要になるのはもちろんである。

全体の売上げに占めるいろいろなコストが、受託加工を行なっていることで、その割合が小さくなり、経営が安定することになる。農産加工はそれほど儲かるものではないが、受託加工を取り入れてリスクを減らし、経営を安定させることができると考えている。

加工機器を使い続けるシステムが構築しやすい

加工所を効率よく稼働させるには、加工機器をずっと使い続けることが大切だ。加工機器については、おもに70ページ以降で取り上げるが、「機械というのは四人で使えば四人分のことしかできないが、倍の八人になれば四人のときの三～五倍のことができるようになる」ということである。そのように加工機器を働かせることが加工所の運営ではもっとも重要なことのひとつなのだが、そのためには加工品の種類と製造量が必要になる。

たとえばリンゴだけの加工では、一次加工で一斗缶に貯蔵していても、それだけで休みなく加工所の機械を動かし続けることはできない。間にほかの加工品を入れて、機械を使い続けることができるようにしなければいけない。そのためにも、受託加工でいろいろな加工品を数多くつくっていくことは加工所の効率を考えたときに有利に展開することになる。

受託加工の流れ

連絡から搬入

実際に受託加工の流れを見てみる。

まず農家から連絡をもらい、その際に、どのような加工品にするのかを聞くことになる。たとえばトマトを加工したいという農家なら、トマトジュースなのか、トマトケチャップなのかといったことになる。またおおよその予算と引き渡しの希望日時などを聞く。

その後、一度加工所に来てもらって、詳細を打ち合わせする。びん詰にするなら容器の大きさはどのくらいにするのか、フタはどんなものがいいのか、ラベル、料金や引き渡しまでのスケジュールなどについて打ち合わせをして要望を聞くことになる。

なお、農家の原料の持込みは、予約制になっているのでカレンダーによって仕事が進むことになる。

伝票類とシステムが連動

受託農家との加工についての詳細は三枚複写の色別の伝票（「委託加工預かり書（お客様控え、工場控え）」「受託加工依頼書及び加工報告（お客様控え）」）で管理される。この「預かり書」は農家と加工所の加工内容の控えとなっていて、加工所の従業員は、いつ、何が、どのくらい届いて、何に加工するか、引き渡しはいつか、といったことを把握することができる。受託農家も自分が委託した加工内容を確認することができる。そして「加工報告」は加工所で加工品をつくるたびに記入する製造記録（「製造計画及び実施報告書」後述）に基づいて記録し、できた加工品とともに受託農家に手渡される。

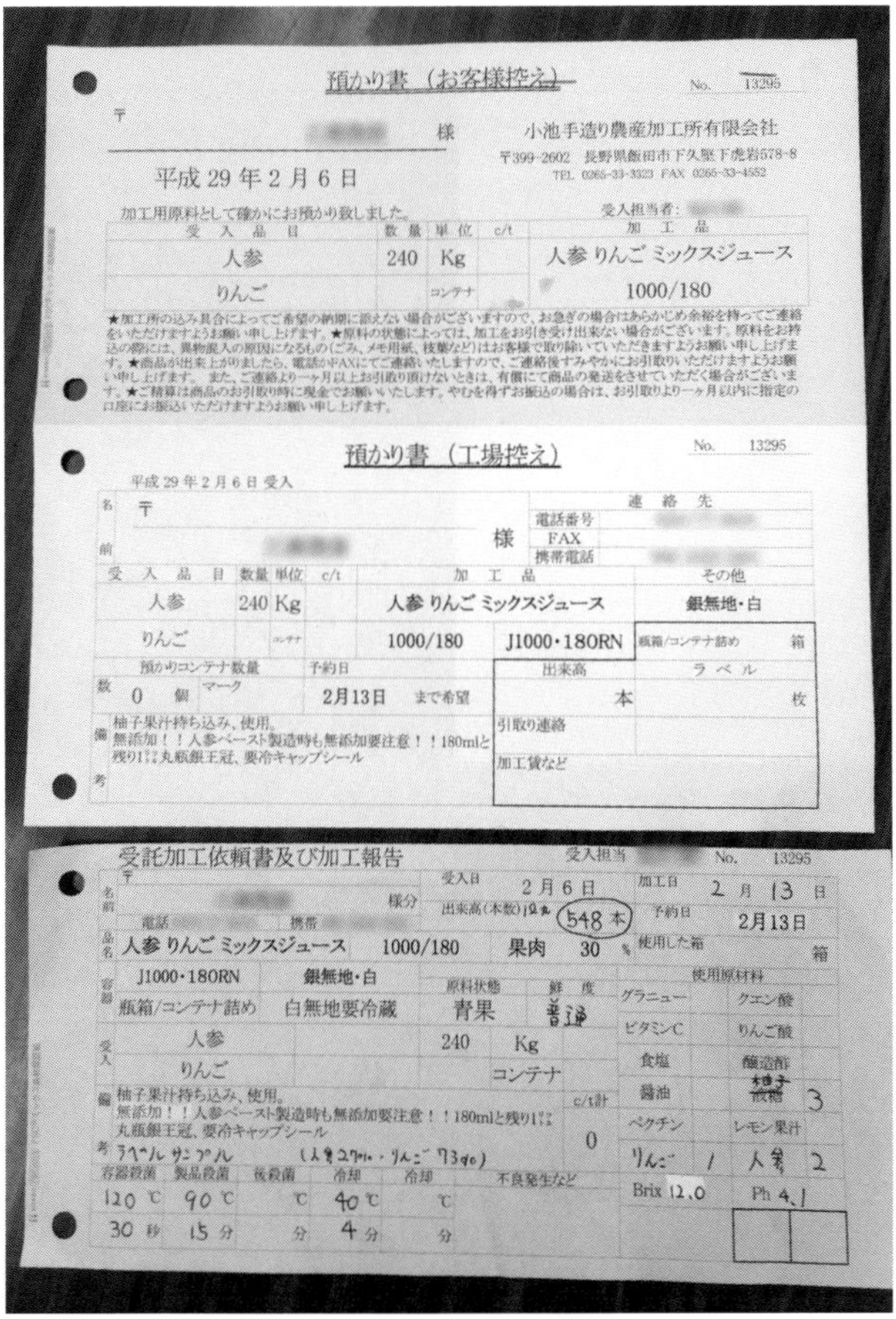

写真2―2　受託加工は色ちがいの3枚綴りの伝票で管理する。上から預かり書（お客様控え）、預かり書（工場控え）、受託加工依頼書及び加工報告

三枚複写の伝票は、原材料の受け入れから加工日、引き渡し、支払いといった受託加工の中での原材料や加工品、お金の大きな流れを管理することができるシステムと連動している。コンピューターにも履歴などがすべて蓄積され、日々の加工量や売上げ、加工品ごとの売上げ、月々の加工量や売上げなどがわかるようになっている。

作業者別の作業時間記録表もあり、加工品ごとに作業した人がかかった時間を記録するようにしている。加工品ごとの労働時間もわかるので、どれだけの手間がかかったかもわかる。

そして月ごとに、前月比、前

年比、加工品ごとの売上げ推移などのデータが揃い、検討されることになる。

最低持込み量がある

なお、加工する原料の量については、加工品ごとに最低持込み量を決めている。たとえばジャム加工では効率を考えると、最低でも煮釜ひとつ分の原料が必要になるからだ。

しかし、現実にはたとえば青ウメを持ってきてジュースに加工したいのだが、一釜分には原料が足りないということがある。そのような場合には、その農家のウメとウメジュースを交換して、重量分の加工料をもらう形にしている。この場合には、持ち込んだ農家のウメで加工したジュースを、その農家が販売する形にはならないことになる（農家とは別の農家のウメでつくったジュースを販売することになる）。これは加工所の効率を考えれば、しかたのないことでもある。

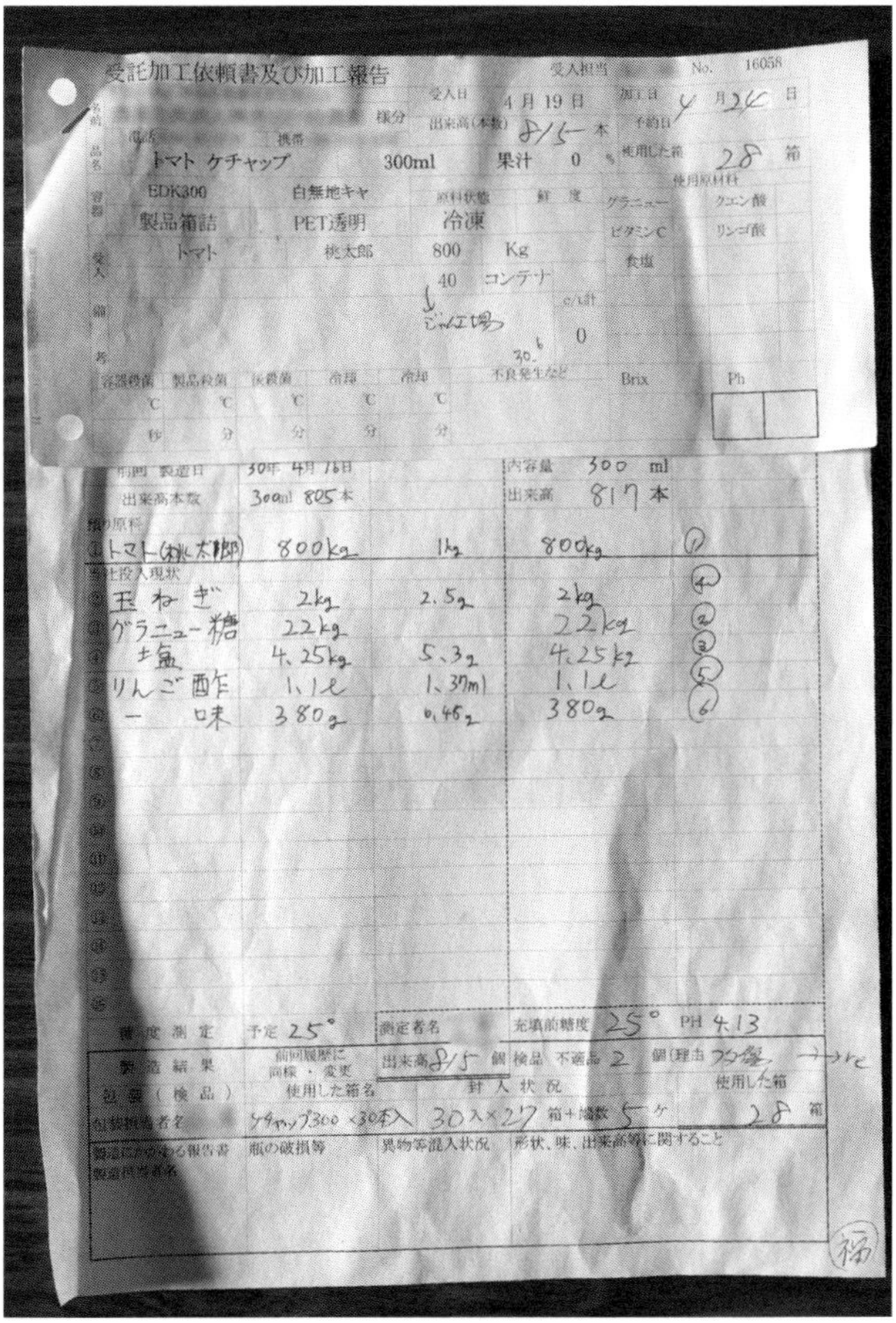
受託加工依頼書及び加工報告
No. 16058
受入日 4月19日 加工日 4月26日
出来高(本数) 815本
トマト ケチャップ 300ml 果汁 0 %
使用した箱 28 箱
EDK300 白無地キャ
製品箱詰 PET透明 冷凍
トマト 桃太郎 800 Kg
40 コンテナ
ジャム工場
容器殺菌 製品殺菌 仮殺菌 冷却 冷却 不良発生など Brix Ph
内容量 300 ml
出来高本数 300ml 805本 出来高 817本
トマト(桃太郎) 800kg 1kg 800kg ①
玉ねぎ 2kg 2.5g 2kg ④
グラニュー糖 22kg 22kg ②
塩 4.25kg 5.3g 4.25kg ③
りんご酢 1.1ℓ 1.37ml 1.1ℓ ⑤
一味 380g 0.46g 380g ⑥
糖度測定 予定 25° 測定者名 充填前糖度 25° PH 4.13
製造結果 前回履歴に同様・変更 出来高 815 個 検品 不適品 2 個(理由
包装（検品） 使用した箱名 封入状況 使用した箱
ケチャップ300 <30本入 30入×27箱＋端数 5ケ 28 箱
瓶の破損等 異物等混入状況 形状、味、出来高等に関すること

写真2—3 「製造計画及び実施報告書」に、3枚綴りの伝票の一番下の「受託加工依頼書及び加工報告」をホチキス止めして事務所で保管している

持込み原料の状態

持ち込む原料の状態は加工品づくりの手間や加工品の品質に影響する。たとえばウメの加工品をつくるのに、黄色く熟した大きなウメや青くて硬いウメが混ざって持ち込まれたのでは、どう加工したらよいか困ってしまう。黄色く熟した大きなウメなら梅干しに、青くて硬いウメなら砂糖漬けにしてジュースをつくるのが適している。それがいっしょだとどちらか

にするというのはむずかしいので、加工する前に分別しなければならなくなる。その分手間がかかるので、その手間賃が上乗せされてしまい、原価が高くなり販売価格も高くなってしまう。

加工に適した原料を持ち込む

最近は受託加工の農家も、加工に適した品質というものがわかってきているため、ウメの場合ならウメの大小、熟度のちがうものが混ざった状態で持ち込まれるようなことはない。毎年、受託加工する農家もおおかた決まってきて、どんな品質・規格のものがいいかがわかっている。自分で販売する以上、売れる加工品でなければならないので、どのような品質の原料を持ち込めばよいかわかっているからだ。

写真2―4　運び込まれた受託加工分のリンゴ。傷んだ分がトリミングされている

原料の下処理は受託農家が行なう

また原料が傷んでいたり、下処理に手間のかかるような場合は、加工しやすいように下処理をしてもらっている。たとえばトマトジュースやイチゴジャムをつくるような場合は、トマトやイチゴのへたを取ったものを原料として持ち込んでもらっている。またリンゴジュースをつくる場合なら、傷んでいる箇所をトリミングしたものを持ち込んでもらい加工している。

このように、受託加工品の場合は、受託農家で下処理したものを原料として持ち込んでもらう。へたをひとつひとつ取ったり、トリミングして傷んだ部分を取り除くようなことは、加工所の効率を下げてしまうからだ。もちろん、自社加工品の場合には、加工所で下処理をすることになる。

加工時の手伝い・立会い

その後、決まった日時に原材料を加工所に持ち込んでもらい、スケジュールに沿って加工することになる。

以前は製造時にいっしょに手伝ってもらうこともあったが、最近はしなくなっている。加工所の従業員は月に一度の検便を義務づけられているし、やたらな靴で加工所には入れない。長靴の底までアルコール消毒して作業しているのである。衛生管理上の問題もあるので、受託農家が手伝うといった時代ではなくなった。また仕事が非常に忙しくなってきているので、作業のじゃまになりかねないということも、理由のひとつだ。ただ、納得した加工品に仕上げるために受託農家が味見をして、加工品の味を決めるために立ち会うことはある。

検品

受託した加工品ができてラベルなどを貼る前に、商品の検品を行なう。

キャップの凹みなどが運んでいるときにできたり、傷ついていたりするものは商品にならないので、取り除く。

引き渡しとラベル

事前に決めていた日時に加工品を受け取りに来てもらう。

加工品の裏側に貼る食品表示ラベル（品名・原材料・添加物・内容量・賞味期限・保存方法・製造者・栄養成分表示など）は加工所でつくる。「なすのからし漬」「林檎ジュース」などの商品名周りのデザインについては、以前は私の加工所でいくつかラベルのひな形を示してそこから選んでもらったこともあったが、それでは商品がみな同じに見えてしまうということで、いまでは独自の個性的な名前やデザインにして販売している農家が多い。

加工品引き取りの際に、現金で加工料を支払ってもらうか、後日指定口座に振り込んでもらうことになる。

大切な受託農家とのやりとり

加工品を受け取りに来たときには、担当者が必ず受託加工農家と話をするようにしている。毎年のように加工している農家の場合、「加工報告」から「いつもよりできたジュースの本数が少ない」ということがある。その理由をきちんと説明し納得してもらうことが大切なのだ。加工品を渡すときに「今回はこれだけでした」と、ただ渡すだけでは受託農家の方は納得してくれない。あるいは不信感を持つことになる。そのようなことのないようにしなければいけない。農家の信頼があっ

写真2—5　びんにラベルを貼る機械

て加工所は成り立っているからだ。

私の加工所には、実際の作業には入らないけれど、いろいろな段取りや受け入れ、加工量などを把握してくれている人がいる。綿密にチェックしているから、加工量のちがいがなぜ起きたか、きちんと説明することができる。たとえば、「リンゴのジュース分が少なかったから」とか、「大小があって、そのため原料の量に比べてジュースの量が少なくなった」ということが説明できる。なぜいつもより歩留まりが悪かったのか、といったことを加工所からバックしてもらい、「歩留まりが悪かったのは、これこれこんな理由によるものでした」と説明する。受け取りに来たときに一番、受託農家と話すことになる。

受託農家は加工品ができてからがスタート

加工所では受託した加工品を納品すればひと区切りになるわけだが、受託農家にとっては加工品を受け取ってからがスタートになる。加工品を販売しなければならないからだ。農村での販売ルートといえば、直売所くらいしかなく、販路をどうやって拡大していくかは大きな課題だ。

加工品が売れなければ、加工所としても加工品づくりで農家を支援することができないし、加工所を継続して活用してもらえなくなる。

農家はモノづくりは得意だが、マーケティングは苦手な方が多い。そこで加工所としてもいろいろな情報を提供し受託農家の販売を手助けしてきた。

近頃は地方銀行と都市銀行の連携による「商談会」が各地で行なわれるようになった。このような商談会に出展することで会社や商品の知名度が上がり、販路もつかめるなど、販路拡大につながる例もある。

そのほか、「ふるさと納税」も新たな販路になっている。地域でつくられた加工品を利用してもらえ、地域にも貢献することになると思う。また郵便局が行なっている「ふるさと小包」を利用する手もあるようだ。一度、地域の郵便局を訪ねてみるのもよいだろう。

受託加工品ごとにレシピで管理

受託農家数は三〇〇〇軒

さて、私の加工所の受託加工農家は現在三〇〇〇軒ほどになる。先述したように加工所を丸一日使って加工する大きな農家もいれば、釜ひとつ分の加工原料に満たない農家もいる。ひとつの加工所の稼働日を一年で三〇〇日とみると、加工所は二つあるから一年で六〇〇日稼働することになる。つまり、一日五軒分の加工を二つの工場で行なっていることになる。実際はジュースをおもにつくっている第一工場では少ない軒数を、惣菜などいろいろな加工を手がけている第二工場では多くの軒数をこなしている。

毎年同じ味に加工する

受託加工でつくられた加工品は、受託農家が販売するのだが、その加工品は「受託農家の味」に仕上げなければならない。毎年、同じ味に加工するのである。

以前、リンゴジュースの製造が間に合わないことがあって、別のリンゴジュースを送ったところ、「このジュースならいりません」と言われたことがある。この例のように、「この人の加工品はこの味だから買っている」という顧客のために、「受託農家ごとの味」を加工所でつくっていく必要がある。つまり、同じ農家の加工品はいつも同じ味にならなければいけない。そうすることが受託農家の加工品の個性＝味になる。

これまでの製造記録に基づいて加工

三〇〇〇軒あまりの受託農家それぞれの加工品の味を、毎回同じにつくるというのは、通常なら不可能だ。その不可能を可能にするのが、加工品をつくるたびに記録している「製造計画及び実施報告書」である。これは言ってみれば、受託加工農家の加工品ごとのレシピ、つくり方・加工の仕方を記した製造記録である。加工所の担当者が日報的に書き込んでおく。これらはファイリングされていて、この製造記録をもとに加工をすることで、従業員が誰であっても、その「農家の味」を再現することができるのである。

たとえばAさんという農家が五年前から、トマトでジュース、ケチャップの受託加工を年に二回行なっているとする。するとジュース一〇回、ケチャップ一〇回で、のべ二〇回の加工を行なっていることになる。その二〇

写真2―6　製造記録は受託加工品ごとにファイルされている

回すべての製造記録が蓄積されている。その記録を見て、次回の加工品の製造に取りかかることになる。

　受託農家・加工品の製造記録があるから三〇〇〇軒分の加工を効率よく行なうことができるのである（具体的な製造記録などについては82ページから詳しく紹介する）。

受託加工の課題と未来

加工で農家の経営が発展する

　受託加工は加工を依頼する農家が自分で加工品を販売する。その加工品がおいしいと評判になり、よく売れる。すると加工品の販売が農家の経営の柱のひとつになり、農家経営が発展する。経営規模を大きくして、従業員も雇い、法人化するなど企業化していく。すると農産物の生産量が増えて、さらに多くの加工品をつくってほしいと加工所に原料を持ち込むようになる。

　こんな事例が増えている。たとえば以前は軽トラ一台にトマトを載せてやってきて、ジュースなどに加工して帰って行ったトマト農家が、いまでは大きなトラックでトマトを運んでくる。私の加工所で加工したジュースなどがおいしいのでよく売れる。だんだんトマトの加工量を増やしていく。さらに売れて、トマト農家の経営の柱になってくる。生果販売と加工品販売の二本柱だ。こうなると経営も安定し、さらに規模拡大もできるようになる。人を雇用し、生産量を増やしていく。加工所に持ち込むトマトの量も多くなってくるわけだ。加工によって農家が大きく育っていくことになる。

丸一日加工所を使う農家も出てきた

　実際、私の加工所では、丸一日かけてトマトの加工をする農家が二軒ある。

　愛知県のトマト農家は二t車にいっぱいのトマトを積んでくる。第二工場では二つの釜を使ってケチャップやソースを一日中つくる。第一工場では大小二つのびん詰のトマトジュースを一日中つくる。丸一日、二つの加工所を目一杯稼働させて加工品をつくっていく。この一日はほかの加工品はひとつもつくれない。

　もう一軒は神奈川県の若いトマト農家。県内だけでなく山梨県にもトマト団地をつくっていて、三tほどのトマトを運んでくる。もちろん先の愛知県のトマト農家と同様、二つの加工所はこの農家専用になる。

　つまり収穫時期のおよそ四ヵ月間は、一週間五〜六日の稼働日（加工所は隔週の週休二日制）のうち二日間は、この二軒のトマト農家専用の加工所になってしまうわけだ。残りの三〜四日間を使って、ほかの受託加工、自社加工を行なうことになる。

小さな農家の加工にしわ寄せも

このような事態、大きな農家、それも私の加工所が育てたとも言える農家が増えてきて、同時に加工量も増えてくると、小さな農家の加工にしわ寄せがいくことになる。とはいえ、先のトマト農家の加工品は私の加工所でつくり上げた味だから、ほかの加工所でつくるわけにはいかないし、つくれるものでもない。

先述したリンゴジュースの話とも重なるが、消費者は「あの農家のトマトジュースの味」を求めているのであって、ほかの農家・加工所のトマトジュースの味では売上げは伸びない。消費者は、いつも同じ味でないと商品を受け入れてくれないのだ。

あとまわしになりがちな自社加工

いっぽうで加工を受託するときは必ずスケジュールどおりに加工品を受け渡す。そして受託加工の合間に自社加工を行なうことになる。その結果として受託七割、自社三割という経営の比率になる。

しかし、先述したような大きな受託加工も増えてきて、全体として以前より受託加工量が増えている。そのため、自社加工品がどうしてもあとまわしになってしまう。たとえば旬に品質のよい原材料を仕入れているのに、その加工品の製造になかなか取りかかれずに、後に後にとずれていくことが増えてきている。

製造がただずれるだけではない。原材料の保管にコストがかかってくる。リンゴのように一次加工でピューレまで加工して一斗缶で貯蔵すれば常温で貯蔵もできるが、リンゴのようなものばかりではない。たとえばイチゴやブルーベリーなどは冷凍して、冷凍庫に保管する。自社の冷凍庫では間に合わないので、冷凍倉庫を借りている。保管している原材料の量も多くなり、まごまごしていると次のシーズンに入り

写真2—7　加工所とは別の場所に設置されている冷凍コンテナ

そうになるものもある。

自社加工品の原料保管のコスト

それに保管料のコストもバカにならない。農産物という生ものを保管するのだから、ただ保管していればいいというわけにはいかない。品質を落とさないよう冷蔵や冷凍といった加工に適した方法をとらなければいけない。当然、電気代などのコストが上積みされることになる。

現在、冷凍コンテナは四つあって、加工原料をそこに保管して、随時、加工にまわしている。しかし、自社の施設だけでは間に合わなくなってきており、現在冷凍倉庫を借りて保管せざるを得なくなっている。

加工所の加工機器をバージョンアップもし、早朝六時の早出も組み入れているが、それでも加工量に追いつけなくなりつつある。そろそろ加工所の能力の限界にきている。

各地に受託加工も行なう加工所を増やしたい

そんなこともあって、私は受託加工を行なえる加工所が各地にできてくることを期待している。現在各地に加工所は多いが、地域の農産物を受託加工して、販売できる加工品にしてくれるところはまだまだ多くはない。受託加工によって農家はつくった生産物を加工品として販売することができるようになる。市場出荷できないようなものでも加工の技術が伴えば、ちゃんとした商品にすることができる。そのことが農家の経営をよくし、地域の活性化につながっていく。そのような活動のできる加工所がひとつでも多く増えていくことを期待している。

はじめは自分のつくりたい、つくってきた加工品づくりの技術を高め、同じ原材料の加工品をつくりたいという農家の要望に応えるような形でよいと思う。さらに、施設許可の範囲で加工できる商品開発を進めていき、同じような加工品づくりの受託加工を進めるという形がいいと思う。自分がつくったことのない加工品をいきなり受託加工でつくるのはむずかしいし、リスクが伴う。技術を高めながら一歩一歩進んでいってほしい。

幸い、少しずつだが、私の指導・助言をもとに加工所を経営しているところが出てきている（たとえば「加工ねっと」118ページ参照）。さらに加工所の稼働率・効率を高めて、育てた受託農家の加工品増産にも対応できるような仕組みをそういう加工所ではつくっていってほしい。

加工機器の利用――釜の空かないシステム

従業員一人ひとりが加工の技術者

仕事の速さは手順の速さ

私の加工所で研修したり、見学したりすると、皆さん、その作業の手際のよさ、離合集散の速さに驚く。また実際に加工所で加工作業を研修した人などは、従業員の仕事の速さについて行けずに、疲れるという。

加工所に入っているさまざまな加工機器の性能が高いからではない。従業員の手順が速いのである。

加工所のその日の作業は、朝加工所に来るとホワイトボードに、つくる加工品名が書かれている。前日には原料も加工所に届いている。それを見て、原料を加工所に搬入し、加工作業に取りかかることになる。

加工品の製造をみんながてきる

私の加工所の従業員はつくっている加工品について、その加工手順や作業の意味を理解している加工の技術者なのだ。めいめいが判断して作業を行なっている。私がやり方を伝えたり、何かの指示をするようなことは基本的にはない。

加工作業をしている一人ひとりが、加工の技術を持っているから、それぞれの加工品づくりの進捗状況が把握できる。釜に原料を仕掛けたら、いつ頃煮上がるか、びん詰めをするのは何時頃になるか、……というようなことがわかっているから、並行してつくられている各加工品の工程にあわせて、必要な場所へと動きを変えていくこともできる。次にやることがわかっているから、それに対応してからだが動いていく。そのような経験を積み重ねてきているから、ひとつひとつの作業も的確で手早く進めることができる。

加工品づくりができる人が何人もいるから、誰かが用事で休んだりしても、問題なく加工所は動いていく。総合的に従業員が動いていることで、加工所は成り立っているのである。

釜の空かないシステム

機械を動かし、そこに従業員を配置する

加工機器を一日中、稼働させ続けることが加工所の効率を高める上でもっとも重要なことである。機械というのは四人で使えば四人分のことしかできないが、倍の八人になれば四人のときの三〜五倍のことができるようになる。機械をひっきりなしに使うように加工品をつくり、そこに従業員を配置していく。

ジャムのびん詰めのように人員が必要なときは、いま取りかかっている作業から離れて、びん詰めの作業をいっしょに行なう。作業から離れるときは、離れてもいいような時期に離れられるように、ほかの作業の進行を見極めながら作業を進めていくことになる。作業は仕組み方なのだ（具体的な作業の様子は90ページを参照）。

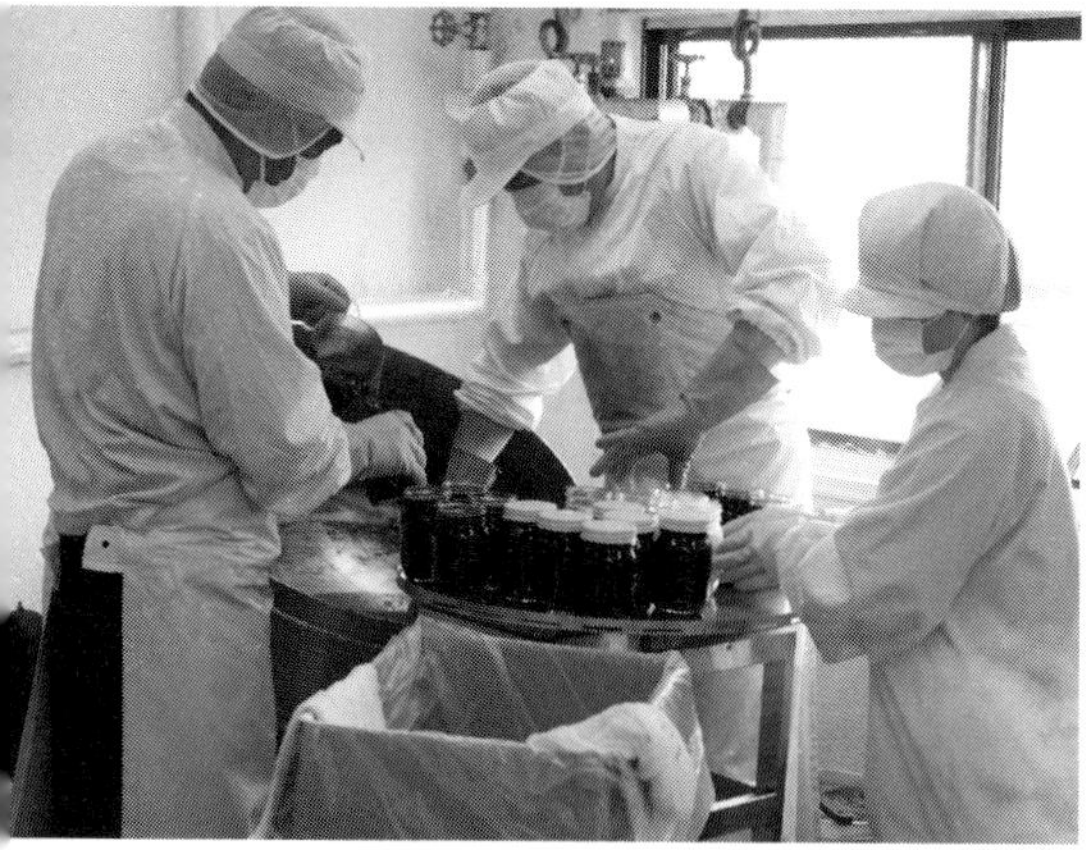

写真2―8　ブルーベリージャムの充てん作業。人数が必要なときはサッと集まって作業し、終わればもとの作業に戻る

並行して進めながら、一点にも集中する

たとえば蒸気釜で朝からジャムをつくり、そのあとで惣菜の煮上げに使うなら、そのための作業（材料のカットや下ごしらえなど）をジャムづくりの間にしておく。途中、ジャムのびん詰めのときはいっしょに作業し、ジャムを詰めたびんをただちにステンレス殺菌槽に入れて、後殺菌を行なう。そうしてジャムの加工がすんだら、すぐに蒸気釜を洗って空け、ただちに惣菜づくりに取りかかれるようにしておく。いくつもの加工品づくりの作業を並行して進めて、蒸気釜が空いている時間がないようにしていく。このような釜の空かないシステムを構築しなければならない。

釜を基準にシステムを構築する

「釜の空かないシステム」というのは、（私の加工所では）釜が加工所の核となる加工機器であり、その釜を中心にシステムを構築するということだ。

私の加工所でつくっているほとんど

の加工品は、釜で煮込むことが基本になっている。ジュースでも、ジャムやケチャップでも、コンニャクでも、蒸気釜で煮込むことが加工の根幹になっている。たとえばリンゴジュースをつくるとき、原料を果実搾り機にかけて、果汁にして、それを釜で煮込んでいく。煮込みが終了した時点で、続けて煮込む果汁が準備できていれば、釜を空けずに作業を進めることができる。

加工所の核となっている釜を使い続けること、そのように作業を仕組んでいくことができれば、その前後の加工工程はおのずとまわっていくものなのである。また、そのように仕組んでいくことが経営者の役割でもある。

休憩中も加工機器は休ませない

休憩時間はきちんととる

私の加工所では八時一五分から午後五時半までが就業時間である。その間、昼休みが一時間あり、一五分の休憩時間が午前と午後に一回ずつある。加工量が多い時期になると、朝六時出勤の従業員が三～四人、従業員ひとり当たり週に二～三回になるよう、シフトを組まざるを得なくなっている。

八時過ぎから加工作業を始めたら、加工所の加工機器を午後四時過ぎまではずっと動かし続ける。その間、従業員は昼休みの一時間、休憩の各一五分を、作業の段取りにあわせて休むことになる。忙しくてもきちんと休憩時間をとることが大事だ。

写真2―9　釜を空けないように作業を仕組む。蒸気釜でリンゴペーストをつくる。扇風機で風を送り、吹きこぼれを防ぐ

交代で休憩、しかし機械は動かし続ける

たとえば従業員Aさんが一二時二〇分から昼休みに入ったら、従業員Bさんが作業を引き継いで加工作業を続ける。そして一三時二〇分に一時間の昼休みが終わると、Aさんが加工所に行って作業を引き継ぎ、交代したBさんが昼休みをとる。一五分の休憩のときも同じように、引き継ぎをしながら加工作業を続けていくのである。このように加工機器は動かし続け、従業員は途中休みを交代でとりながら作業は間断なく続いていくのである。

だから、(とくに忙しいときには)加工所の従業員全員が一二時から一時間の昼休みをとる、というようなことはしない。それでは加工作業が一時中断してしまい、加工所の生産効率を下げてしまうからだ。加工機器を動かし続けることを優先することが、加工所の効率を高める最大のポイントなのだ。そのような仕組みをつくるのが経営者の役割でもある。

また、従業員も休憩時間が長くなるようなこともなく、一時間なら一時間、しっかり休憩をとってから加工所へ戻っていく。各人がプロ意識を持ってやっている。従業員にはきちんと休憩をとってもらうことが大事だ。部署によっては、通常の昼休みよりずっと遅くなることもある。発送の仕事をしている事務員は昼休みが三時頃になることも多い。もちろん、昼休みは一時間きちんととっている。

機械に夜も働いてもらう

機械を効率よく使うために、たとえばコンニャクの製造では次のような手立てをとっている。

夜の間に、大釜で煮ておく

当加工所の自社加工品で人気の高いコンニャクは、ほぼ毎日つくっている。

朝加工所に来て羽根釜でコンニャク粉を練り、型に入れて夕方まで置いて固める。固まったら適当な大きさに切って、夕方帰るときに湯を張った大釜(二重蒸気釜)に入れて煮る。蒸気釜なので、ある程度までゆでれば、火を止めても、あとは余熱で煮えるので、そのまま翌朝まで置き、朝早出してきた従業員が大釜からコンニャクを取り出して袋詰めをする。カラになった大釜は、その日の加工品づくりに利用する。

季節によって冷める時間が異なる

冬場であれば、朝までにコンニャクが冷めているので、九時から真空パックして製品にできるが、夏場だと気温

が高いためにコンニャクがなかなか冷めない。大釜から取り出して袋詰めまではするものの、なかなか冷めないので午後二時頃になってようやく真空パックできる品温に下がってくる（真空パックは品温が高いとできない）。

このように従業員が帰った夜の間にコンニャクを煮ておくということも、効率を上げるためのひとつの手立てということになる。

製造量によって釜の使い方を変える

もっとも、大釜三つ分になるところのパターンも崩れてくる。このようなときは大釜二つだけでなく、冷却や殺菌に利用しているステンレス水槽で熱湯をつくりそこでコンニャクを煮るようにしている。そして早朝早出してきた従業員が水槽からコンニャクを取り出し、袋詰めまでは行なうことになる。コンニャクを取り出し、朝、通常の出勤時間までにステンレス水槽を使用できるようにしておかなければいけない。

このようにコンニャクをつくる量によっては、加工所の機器の使い方を変え、夜も機械に仕事をしてもらうように仕組んでいくことで、加工所の効率をよくしているのである。

受託加工と自社加工を組み合わせる

加工品の数・量を増やす

釜の空かないシステムを構築するためには、そのための加工品の品揃えも必要になる。蒸気釜を使ってジャムをつくったのはいいのだが、そのあとに加工するものがないのでは「釜の空かないシステム」にはならない。

そのためには時間をこなせるだけの加工品の量を持たないといけない。加工機器の稼働率を上げ、いろいろな品目をつくりながら生産量を増やしていくこと。単品でこれだけやったら終わり、というのでは定期的な人の雇用ができず、加工所の発展もない。

加工品の数を増やして、労働基準監督署から言われている時間給の最低賃金をクリアしなければいけない。人を使って一日支払うお金が時給五〇〇円程度では労働基準法違反と言われてしまう。最低賃金を払える加工所にしなければいけない（地域によって最低賃金は異なる）。

受託加工で機械の稼働率を上げる

ここでも受託加工と自社加工の両方の加工品を持っていることが役に立つ。私の加工所の場合、基本的には七割を占める受託加工品づくりを優先するのだが、受託加工品づくりの間に、自社加工品を組み入れることで、釜を空かないようにすることができる（88ページ、第二工場の項参照）。

写真2―10
ボイラーが熱源の
二重蒸気釜
（第二工場）

逆に言えば、加工所の発展を考えたときは、いまある加工機器でつくれる加工品のラインナップを考えて、少しずつでも加工品の品目数を増やしていくことが大切になる。品目を増やすのがすぐにできないなら、つくっている加工品の受託加工から始めてもよいだろう。そうして少しでも加工機器の稼働率を上げ、加工品をつくり続けられることができるようにしていけばよい。

加工機器の更新とメンテナンス

熱源はボイラーが必須

加工所には、施設許可に応じて基本となる加工機器が必要になる。

＊ボイラーと二重蒸気釜は必須

私の加工所では、第一工場も第二工場もボイラーと二重蒸気釜は必須の機械である。二重蒸気釜は、ボイラーによる蒸気での加熱が前提の釜だ。

ボイラーは熱源として非常に多目的に使うことができる。煮込むための熱源、あるいはびんの殺菌を水蒸気で行なえる。しかも短時間で殺菌が行なえるので効率が高い。また、湯を沸かして、その湯を後殺菌や清掃などにも使うことができる。

＊ボイラーはランニングコストが安い

また、ボイラーはガスによる直火に比べると導入経費は高くなるが、ガスは燃料として価格が高いため、導入後の運転資金では何倍も差がついてしまう。

導入してからのことを考えると、ランニングコストのこと、熱源だけでなく、蒸気での殺菌や後殺菌、湯の利用など多用に生かせることを考えると、ボイラー以外に選択肢はないと言ってもいい。

ガスでは直火のため、焦げやすい

ガスを熱源にしている加工所もあるが、私はお勧めしない。ガス＋ガス釜だと、直火によって熱することになる。釜で煮物をつくったりすると、どうしても焦げやすい。はっきり焦げたと見た目にはわからなくても、焦げ臭が加工品についてしまうことがある。

以前からケチャップをつくっている加工所が、製品に少しだが焦げ臭がついてしまい、販売量が落ちてきた、というようなこともあった。その加工所は給食設備を活用していたのだが、ガスと鍋での煮込みでは、焦げ臭と背中合わせとも言えるのが現実なのだ。

二重釜ではパッキンが傷む

もちろん、ボイラーを熱源として、蒸気二重釜で煮込みをしていても焦げることはある。二重釜へ蒸気を送るパイプには熱い蒸気が循環していて、どうしてもパイプのパッキンが熱で傷んでくるからだ。すると加熱をやめたはずなのに、パッキンから蒸気がもれて二重釜に入り加熱が続く。火を止める判断が正しくても、パッキンが傷んでいて、蒸気が送られ続けては加熱しすぎたり、煮詰めすぎたり、気づかなければ焦げてしまうことにもなる。始末の悪いことに、パッキンの傷みは外見から判断することはできないのだ。

機械の故障・不具合

＊工程の中で機械の故障・不具合を見つける

以前、私の加工所でもイナゴの加工をしたときに、黒くなっていたことがあり、「商品にならんから」と捨てさせたことがある。この例が典型で、パッキンの傷みを加工工程の中で見つけて（色が悪い、煮詰まりすぎるなど）、すぐにメンテナンスをしなければならない。このような機械の故障、不具合を見つけ出すことも加工の技術なのである。

＊故障したら三〇分以内に業者に来てもらう

私の加工所では、機械の故障・不具合で加工作業が滞っては仕事にならない。工程の途中で故障したら、その工程の前後で加工作業ができないことになる。そのままにして翌日加工の続きをすればいいということにはならない。故障にはただちに対応しなければならないが、機械の故障・不具合は社員では直せない。そこで、地元のメンテナンス業者と契約して、故障したら三〇分以内に修理に来てもらうようにしている。

加工機器の更新は必要に応じて

加工機器も使っていけば、いつかは更新しなければいけなくなる。機械には寿命があるからだ。

＊効率優先の更新

加工所を運営している限り、その効率を求めることに変わりはない。加工品の製造を休みなく続けることがもっとも肝心なことだ。そのため、加工所にある機械を一度に全部交換することはない。必要に応じて交換していくのである。

一度に交換したら加工所を休ませなければならない。一台の加工機器のチェックだけでなく、加工機器間の連携がきちんととれるのか確認も必要になり、一日二日では終わらない。だいいち、一度に全部を入れ替えられるような資金はない。

写真2―11　加工室の中は煮炊きでとても暑くなり、作業効率も落ちやすい。そこでエアコンを設置した。黒い部分から涼しい風が吹き出してくる

＊必要に応じて一台ずつ

機械の故障が多くなった、修理しても長くは使えない、このままではかえって効率を落としてしまう、というような場合に、必要に応じて一台ずつ交換してきた。昨年、真空包装機も二台更新した。

また、加工所の設備についても、順次、変えてきている。たとえば、夏の暑さ対策として第二工場には二年前にエアコンを入れた。

＊予備の釜も待機させている

また、蒸気釜が故障したときのことを考えて、三〇〇ℓの蒸気釜を一台、倉庫に置いてある。蒸気釜はカナメの加工機器でもあり、故障したからといって、すぐに調達できるものでもないので、このようにしている。

また、加工機器でいいものがあるという情報が入ったら、必要性を勘案して買っておくようにしている。

新人の教育

技術は仕事が教えてくれる

私の加工所くらいの規模では、人材を確保することはなかなかむずかしい。最初から加工技術を持っているような人はまずいないので、一から仕事を覚えてもらうようにするしかない。もっとも私の加工所では、辞める人も少ないので、採用するにしても新人をひとりだけ、というようなことがほとんどである。

加工所を立ち上げたときは、私のほかに三人ほど雇用して、加工所でいっしょに加工しながら、技術を学んでもらった。いまでも基本は同じで、いっしょに加工するなかで、仕事が教えてくれる。

新人の研修期間

いまでは私が加工所で作業することはなくなってきたので、新人を採用したときは、六ヵ月間の研修期間を設け、その期間中は毎日二時間ほど、基本的な加工についての講義を行なっている。

たとえば、「ジャムびんはツイスト式のフタを使用しており、びんにフタを乗せてすぐに締まる方向に回すのではなく、逆方向にコツコツと二回音がするまで回すことにより、フタが平行になり、その後、右にしっかり回して締める」「できた加工品を殺菌しないびんに詰めてはいけない」といった基本中の基本だが、とても重要なポイントなどを教える。

また、ジャムのつくり方の基本や、どうしてこのようにつくるのか、といったことも教えている。さらに、その時期に加工しているもの、たとえばジュースの加工の仕方などを講義している。

そして研修期間中の講義以外の時間は、パートとして手伝ってもらう。

はじめはお手伝いから

そうして六ヵ月の研修期間が終わってから、社員として採用し、現場で働いてもらうことになる。まずは、びんや製品を運ぶといった、直接加工品づくりにかかわらない作業から始めることになる。加工の準備作業としての、ニンジンやタマネギの皮剥きなどもしてもらう。

そうして、ダイコンを漬けるなど、分担された仕事をやっていくようにし、次第に製造のラインに入ってもらうことになる。

技術は現場で修得するしかない

加工所ではいろいろな加工品をつくっているのだが、いちいちその加工品について、つくり方、手順などについて事細かに教えることはしない。加工所で、ほかの社員といっしょに作業をしていくなかで、現場の人から仕事を学んでいく。加工の手順ややり方を講義したとしても、それで実際に加工ができるわけではない。

いろいろなことを聞いて、自分でやってみて、からだが、手が覚えていくのである。

加工の技術はからだで覚えていくことになる。まさに仕事が教えてくれるのである。

いいものをつくれば、会社も人も育っていく

よく「小池さんのところの従業員の皆さんは、途中で辞めないで、長続きしますね」と言われる。それは簡単なことで、ふつうの企業並みの給料を支払っているし、ボーナスもある。就業時間もきちんとしている、社会保障も完備しているし、退職金制度もある。長く勤めなければ損になるとも言える。それに、辞めたからといって、私の加工所と同じ、あるいはもっと多くの給料をもらえる保証もない。

加工所がおいしい加工品をつくり、コストを抑え、十分な利益を出しているから、働く人も辞めないということなのだ。そういう職場であるから、長く仕事を続けようと思うし、続けていくことで加工の技術も蓄積し鍛えられ、技術者として勤め続けることができる。そして、そういう技術の高い社員がいるから安定して、おいしい加工品をつくり続けることができる。このような経営を仕組んでいくことが経営者の仕事なのだ。いいものをつくれば、黙っていても人が育ち、辞める人もいなくなり、会社が大きくなっていくものなのだ。

第3章
加工所での効率のよい作業の実際

前章では受託加工と釜の空かないシステムをつくることで、加工所全体の効率化について紹介した。本章では、より具体的に、私の加工所での作業の実際を紹介する。各加工所でのシステムづくりの参考になればうれしい。

第二工場での作業の実際

実際にさまざまな加工品がどのようにつくられていくのか、働き方、作業の流れの実際を見ておこう。なお、私の加工所には二つの工場がある。そのうち、加工を始めた昭和六十一（一九八六）年当初から使っている第二工場から見ていこう。

七人の社員が四つの釜を使い、ジャムやケチャップ、コンニャク、惣菜、漬物などをつくっているのが第二工場である。

伝票類の流れと記録による管理

加工情報を三枚綴りの伝票で処理

受託加工の場合、事務所に農家から加工の申し込みがある。すると事務所では、どのような加工品をつくるのか、原料の搬入はいつ、どのくらいの量になるか、受け渡しはいつにしたいか、使用する容器の種類・容量、キャップ、ラベルなどについて要望を聞き、三枚綴りの伝票「受託加工依頼書及び加工報告」（60ページの写真参照）が作成される。一枚は受託農家用、一枚は事務所、最後の一枚が第二工場にまわってくる。

また自社加工の場合も同じ伝票で同じように管理される。自社加工品の場合は、たとえば、梱包・発送の部署から「なすのからし漬」の在庫が少なくなってきた、営業から「玉ねぎドレッシング」もつくっておいてほしい、といった情報が上がってくる。それを事務所で伝票に起こして、工場に伝える。

加工所にまわってくるこの伝票には、受託加工の内容（受託農家の住所・氏名、製造する加工品名、使う容器・キャップなど）が記されている（自社加工も同様）。

加工予定をカレンダーで管理

＊製造予定日をカレンダーに書き込む

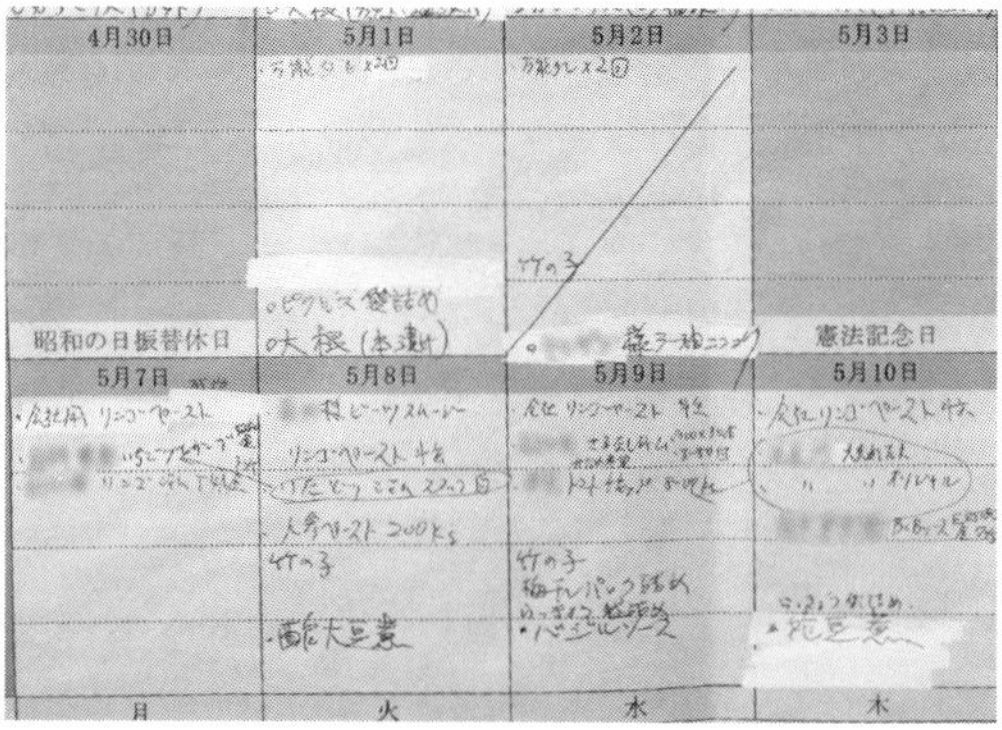

写真3―1　いつ何の加工をするかはカレンダーに書き込んで管理している

第二工場にまわってきた伝票を見て、第二工場の工場長は製造日をカレンダーに書き込む。だいたい一週間前から、どの受託農家の加工品をいつ製造するかをカレンダーに書き込んでいく。このとき、加工所の釜が空かないように、社員の手が空かないように、製造する加工品を組み合わせることがポイントになる。受託加工分だけでは釜が空いてしまう場合には、そこに自社加工分を入れて効率を落とさないようにする。

また、ひとつの釜でいろいろな加工品をつくるより、たとえばイチゴジャムならイチゴジャムだけ、というように同じ種類の加工品をつくるようにしている。そのほうが効率がよいからだ。写真3―9（91ページ）のホワイトボードにある「○○様（依頼者名）玉ドレ」「会社玉ドレ」というのは玉ネギドレッシングの加工を行なうということだが、容器にドレッシングを充てんする機械を続けて使うことで、効率よく作業が進むようにしている。

＊融通が利くようにすることも大切

ただし、ガチガチに加工品の製造日を決めてしまうと、急場をしのげなくなる。たとえば、リンゴ農家が刻んだリンゴを、当日、「ジャムにしてほしい」と持ち込んでくるようなことがある。刻んだリンゴはどんどん酸化して茶色くなってしまうので、ただちに砂糖漬けにして、翌日ジャムにする。生ものはおいておけないからだ。

このような場合にも対応できるよう、加工予定は融通が利くようにしておく。この場合は、予定していた自社加工品の代わりに、持ち込まれたリンゴでリンゴジャムをつくることになる。

そして、このカレンダーをもとに、加工場長は加工日の前日の夕方に、加工所のホワイトボードに翌日製造する加工品を書いておく。製造日には、原料が届いているか搬入されているので、当日に出勤してきた社員は、ホワイトボードを確認して、加工に取りかかることになる。

履歴データをもとに加工

加工品の製造は「製造計画及び実施報告書」という伝票で管理する。これは過去と現在の製造記録でもある。

＊過去のファイルから製造記録を探す

加工所には過去に、誰がどのような加工をしたか、という記録が加工品目別・受託農家別にファイルとして蓄積されている。一番新しいファイルには、受託農家の前回の加工分の加工内容と、前々回の加工内容が「製造計画及び実施報告書」として記録されている。

まず、加工所に届いた三枚綴りのうちの一枚の「受託加工依頼書及び加工報告」にある加工品名、受託農家名をもとに、棚のファイルから、受託農家の前回の「製造計画及び実施報告書」を探す。

＊前回の製造記録を転記する

今回の、新しい「製造計画及び実施

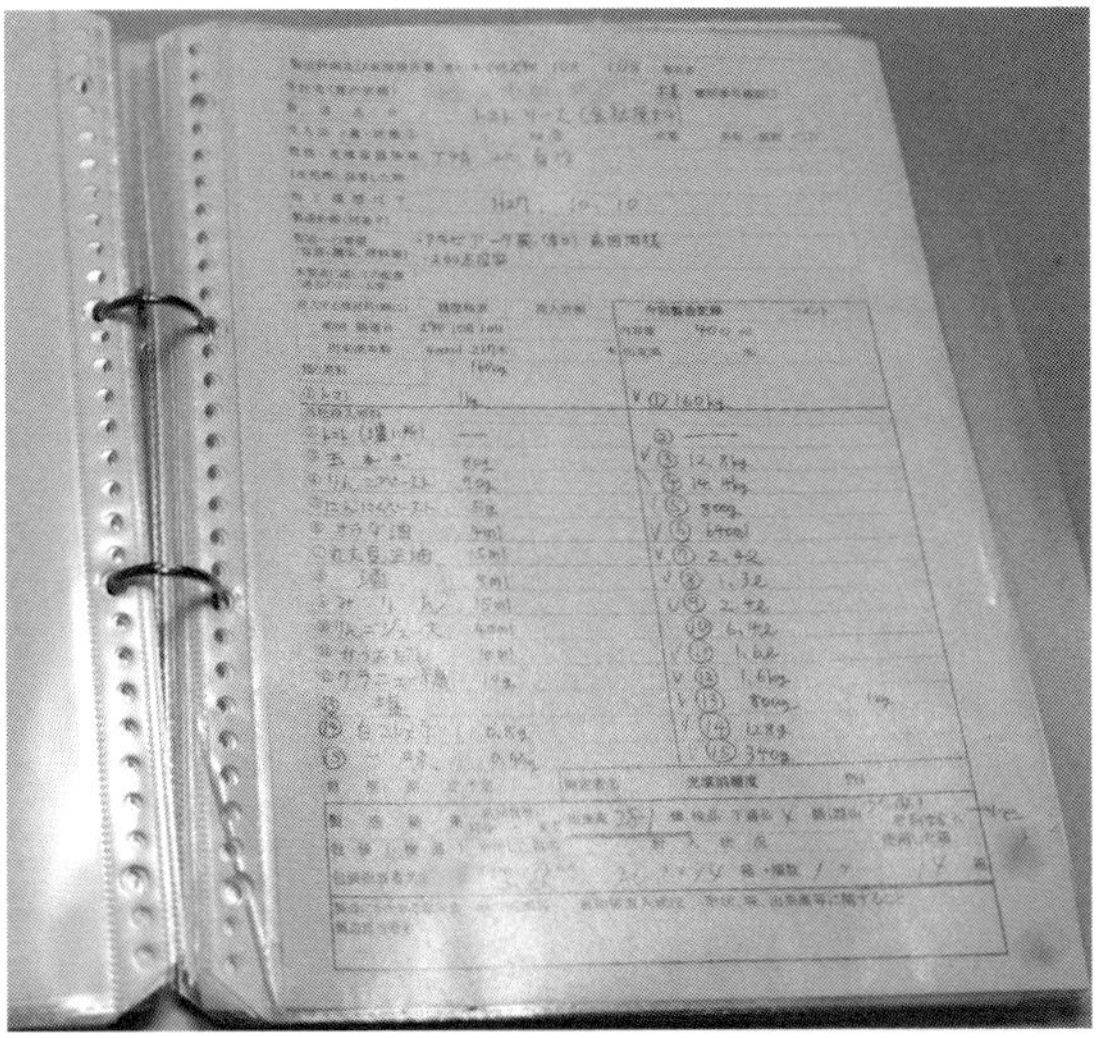

写真3—2　過去の製造記録がファイルされていて、それを参考に受託加工を行なっている

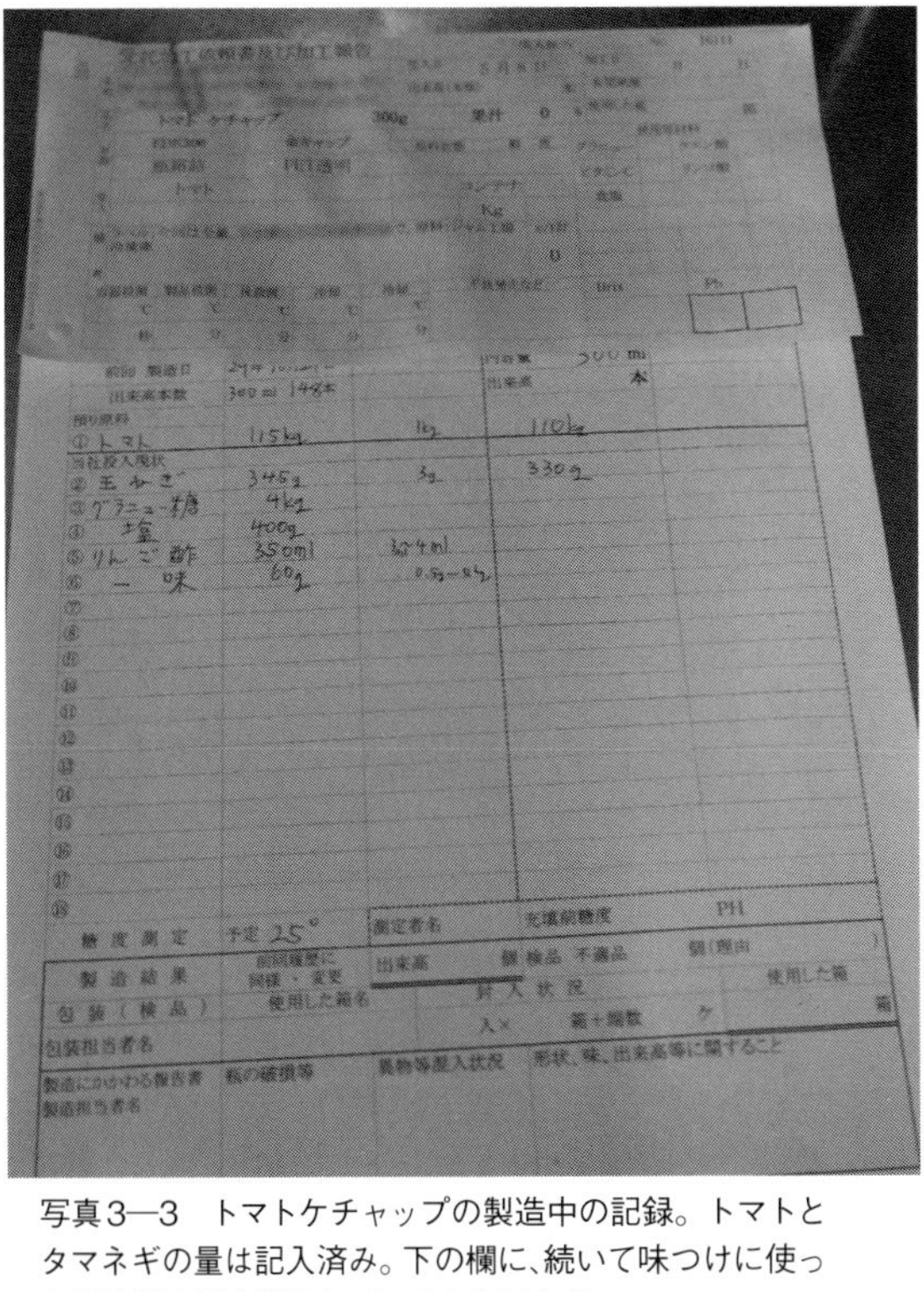

写真3—3　トマトケチャップの製造中の記録。トマトとタマネギの量は記入済み。下の欄に、続いて味つけに使った調味料の量を記入していくことになる

報告書」に「受託加工依頼書及び加工報告」から加工日、受託先（農家）、製造品目、使用する容器の規格などを転記する。さらに「検索履歴」と「投入計画」という欄（列）に、前回加工した月日や使った原料とその量（預り原料と加工所で用意した原料を当社投入現状欄に）などをそのまま転記する。

「預り原料」は受託農家が前回搬入した原料、トマトならトマト八〇〇kg、イチゴならイチゴ八〇kgのこと。「当社投入現状」は加工所で用意したグラニュー糖や塩などのことである。

そして「投入計画」欄（列）には「預り原料」一kg当たりの加工所が用意する原料の量を転記する。これが受託農家の加工品ごとの「レシピ」ということになる。

＊今回の製造記録を記入する

そして、投入計画欄（列）のレシピに基づいて、「今回製造記録」欄（列）に預り原料が図3―1のように八〇〇kgなら八〇〇倍した数値を、八〇kgなら八〇倍した数値の副素材などを記入して、今回の加工品を製造していく。

どのように加工したか、使用した原料がどのくらいかを、原料を使うたびごとに「今回製造記録」の欄（列）に記入する。この欄（列）は原料品質が同じで、受託農家からとくに要望がなければ投入計画欄の一kg当たりのレシピ×預り原料の量になる。

＊受託農家ごとのレシピがあるからいつも同じ味に仕上げられる

投入計画欄に記入した一kg当たりの原料構成が受託加工一件ごとの製造記録＝レシピということになる。このレシピをもとに加工品をつくっているので、加工所の担当者が変わったとしても、受託農家一件ごとに毎回同じ味の加工品に仕上げることができるのである。

＊レシピに若干の変更もある

もちろん、原料の品質は季節や気候によって変わることもあるので、レシピにプラスアルファの変更が加わることもある。それは、隣の「今回製造記録」の欄に記入されて、次の加工のときの参考にされる。

たとえば、図3―1にある四月十一日の伝票を見ると、検索履歴と今回製造記録の預り原料は八〇〇kgと同じだが、塩の量が、検索履歴では四・三kgなのに対して今回製造記録では三・五kg＋五〇〇g＋二〇〇g＋五〇gの計四・二五kgとなっている。これは受託農家が立ち会って味見をしながら、塩を加えていき、結果として検索履歴データより塩を五〇g減らして完成したことを示している。このように立ち会って味見をするような場合には、前

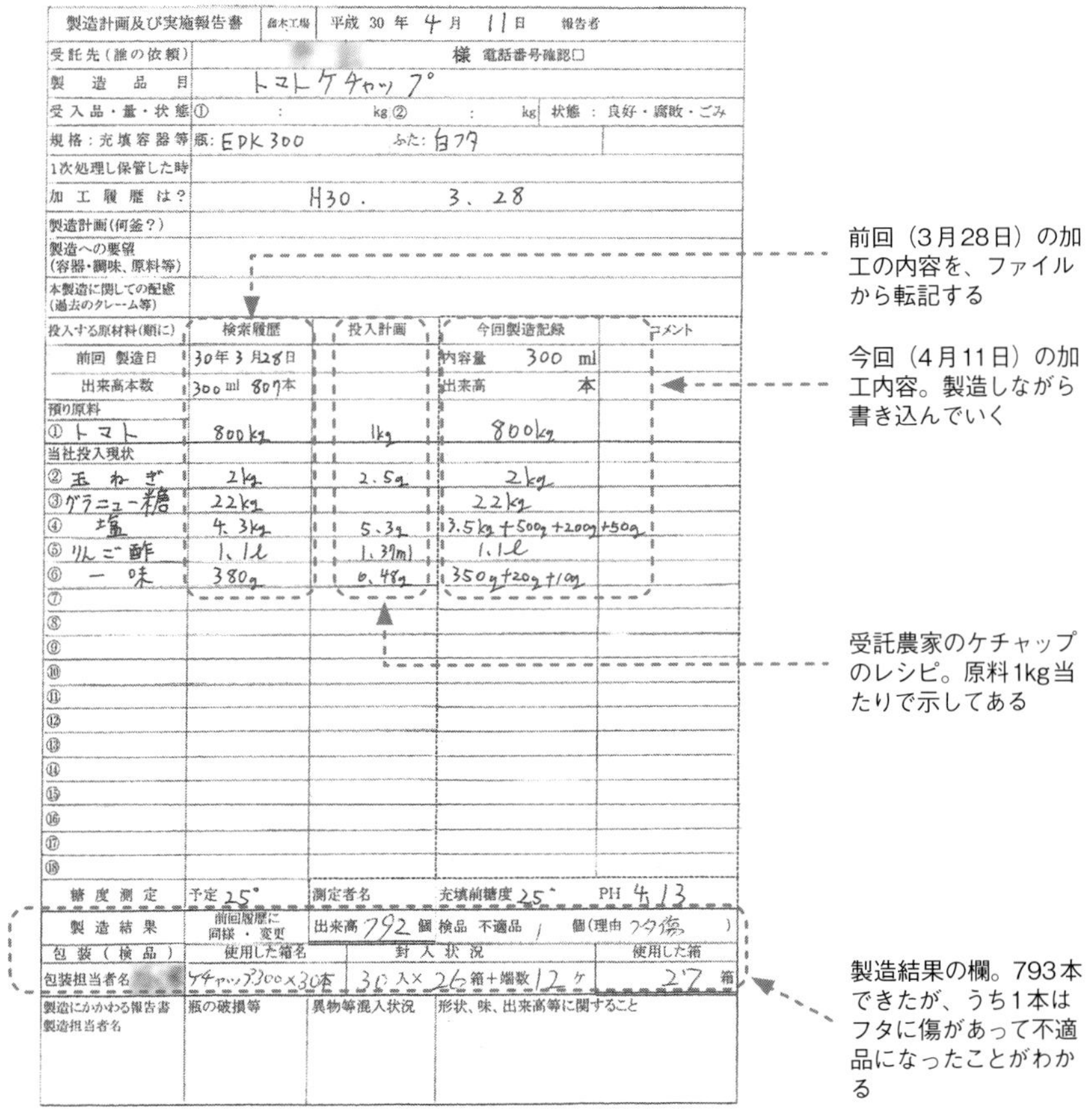

製造計画及び実施報告書	森木工場	平成 30 年 4 月 11 日	報告者
受託先（誰の依頼）	様 電話番号確認☐		
製造品目	トマトケチャップ		
受入品・量・状態	① : kg ② : kg 状態：良好・腐敗・ごみ		
規格：充填容器等	瓶：EDK300 ふた：白フタ		
1次処理し保管した時			
加工履歴は？	H30. 3. 28		
製造計画（何釜？）			
製造への要望（容器・調味、原料等）			
本製造に関しての配慮（過去のクレーム等）			

投入する原材料（順に）	検索履歴	投入計画	今回製造記録	コメント
前回 製造日	30年3月28日		内容量 300 ml	
出来高本数	300ml 807本		出来高 本	
預り原料				
① トマト	800kg	1kg	800kg	
当社投入現状				
② 玉ねぎ	2kg	2.5g	2kg	
③ グラニュー糖	22kg		22kg	
④ 塩	4.3kg	5.3g	3.5kg+500g+200g+50g	
⑤ りんご酢	1.1l	1.39ml	1.1l	
⑥ 一味	380g	6.48g	350g+20g+10g	
⑦				
⑧				
⑨				
⑩				
⑪				
⑫				
⑬				
⑭				
⑮				
⑯				
⑰				
⑱				
糖度測定	予定 25°	測定者名	充填前糖度 25°	PH 4.13
製造結果	前回履歴に同様・変更	出来高 792 個	検品 不適品 1 個（理由 フタ傷）	
包装（検品）	使用した箱名	封入状況		使用した箱
包装担当者名	ケチャップ300×30本	30入×26箱＋端数12ケ		27 箱
製造にかかわる報告書 製造担当者名	瓶の破損等	異物等混入状況	形状、味、出来高等に関すること	

前回（3月28日）の加工の内容を、ファイルから転記する
今回（4月11日）の加工内容。製造しながら書き込んでいく
受託農家のケチャップのレシピ。原料1kg当たりで示してある
製造結果の欄。793本できたが、うち1本はフタに傷があって不適品になったことがわかる

図3—1 「製造計画及び実施報告書」の例

回と副素材などの量に若干のちがいが出ることもある。その後のトマトケチャップの製造を見てみると、四月十一日の前の三月二十八日の塩の量四・三kgが通常の加工より多いことがわかる。

製造記録を残す

＊検品した結果も記入

こうして加工所で受託農家の加工品が完成し、今回製造記録の欄に使用した原料の名と量を記録する。できた加工品は包装担当の部署へ運び込まれ、そこで検品を受ける。ケチャップやジャムであれば、びんに異常はないか、フタに傷などないかといったチェックをする。出来高と不適品とその理由、何本入りの箱何箱分になった、といった情報を「製造計画及び実施報告書」の下段にある製造結果や包装（検品）の欄に記入する。

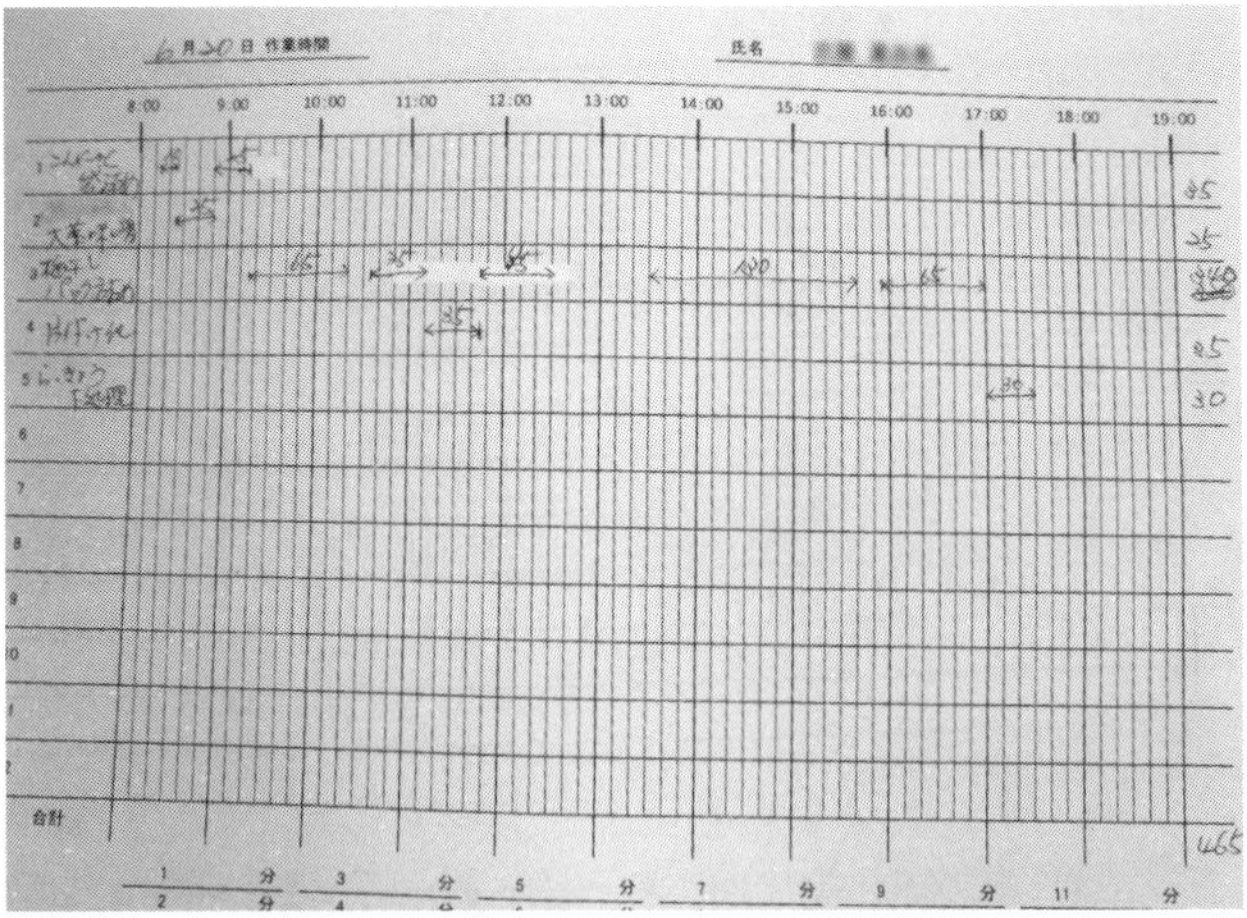

月 日 作業時間　氏名

	8:00	9:00	10:00	11:00	12:00	13:00	14:00	15:00	16:00	17:00	18:00	19:00
1												
2												
3												
4												
5												
6												
7												
8												
9												
10												
11												
12												
合計												

1 分　2 分　3 分　4 分　5 分　7 分　9 分　11 分

写真3―4 「作業時間記録表」。作業に携わった社員ごとに、1日にどの工程にどのくらいの時間をかけたかがわかる。この記録表をもとにコスト計算（原価や人件費など）ができる

なお、フタに傷があって不適品になったような場合は受託農家に納めることはできないが、次回の加工が予定されていれば、そのときに中身を加工途中に加えて加工していく。

＊製造記録は更新され、ファイルされる

原材料などを書いたラベルを貼る、段ボールに箱詰めする、といった包装関連の作業をして、発送あるいは搬出されることになる。

こうして「製造計画及び実施報告書」には、受託加工の一連の情報（受注内容、前回の加工内容、今回の加工内容、包装・検品など）が記録され、更新される。更新された「製造計画及び実施報告書」は、原本は事務所へ、コピーは加工所でファイルされる。そして、次の加工のときに利用される。

梱包された箱などには、最初に受託加工を依頼したときに発行された「受託加工依頼書及び加工報告」に、製造した加工品の数量などを新たに書き加えたものを添付し、加工品といっしょに受託農家に渡される。受託農家はそれを見て、加工品の数量などを確認できる。

作業記録を残す

＊かかった作業時間を記録

製造記録とは別に、加工作業にかかった時間も記録している。これは「作業時間記録表」（写真3―4）というもので、作業者別、製造品別に、何の加工品づくりに何時から何時までかかったかを、作業者が書き込む仕様になっている。

この記録表によって、毎日の加工品の製造に、誰が、どのくらいの時間をかけているかを知ることができる。

＊加工品別のコスト計算ができる

たとえば、「ひと釜分のジャム（び

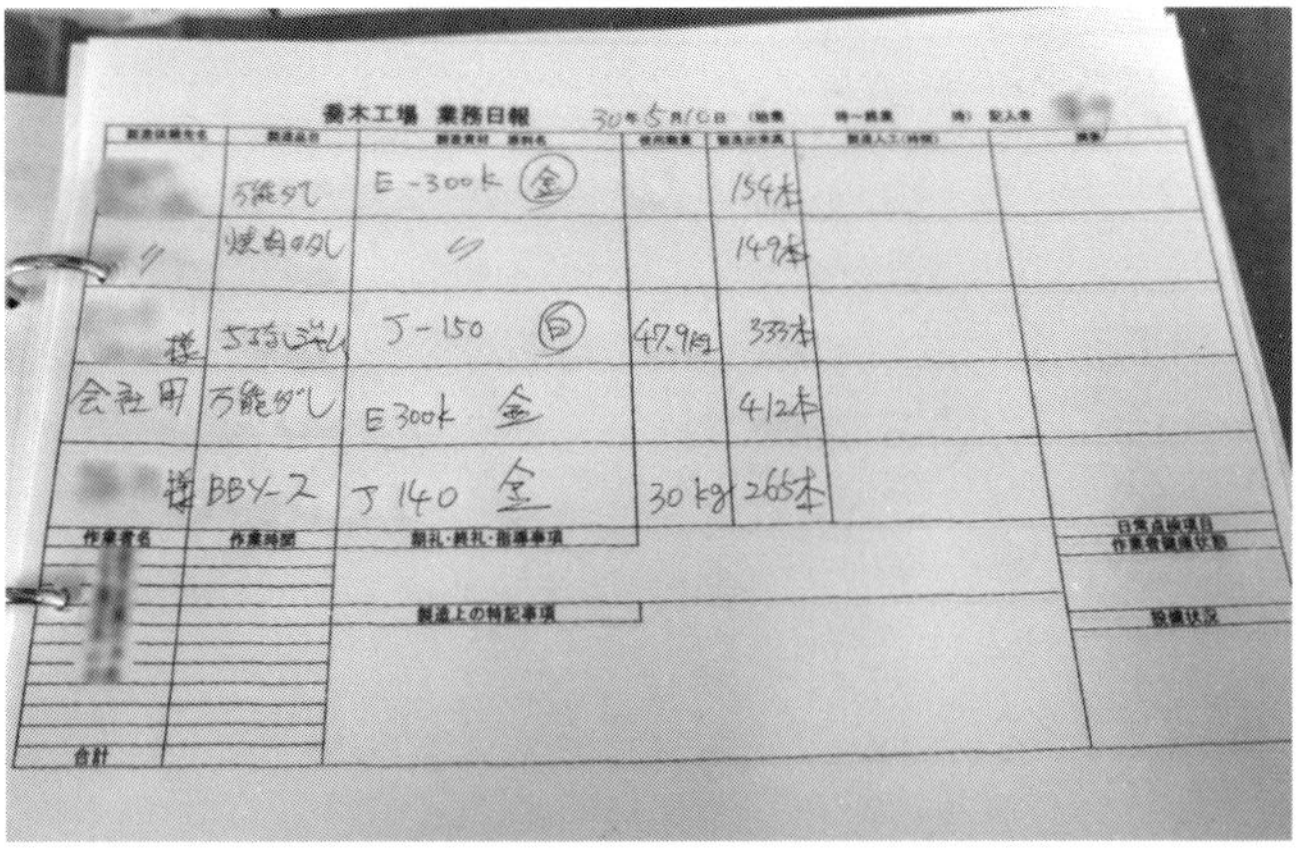

写真3—5
「業務日報」。毎日、どのくらいの加工品を製造したかがわかる

ん詰三〇〇本分）が、作業者二人で二時間かかった」ということがわかる。つまりジャム一本当たりの作業時間、ひいてはコスト計算ができる。ジャムに限らず、製造しているすべての加工品のコスト計算ができるのである。

業務日報に製造した加工品を記録

また、その日に製造した加工品の受託農家名、ケチャップとかコンニャクといった加工品名、加工品の製造量、原料の使用数量、製造出来高などを業務日報（写真3—5）に記入し、ファイルにしている。

これが毎日の加工所全体の製造記録になり、日々、週ごと、月ごと、年ごとに積み上げていくことで、加工所の製造量＝能力・能率といったことを点検するデータともなる。

計器類のチェック

さまざまな伝票や記録について紹介してきた。どれも加工所の経営を円滑に進めるためには大切なものである。加工品を製造して、それが売れるだけでは経営の改善にはつながらない。製品価格が適正か、加工品製造の過程で働き方に無理はないか、改善する点はないかなどについて、把握できるようにしておくことが大切なのだ。

＊計器類は正確か？

さまざまな記録を残すことは大切なことだが、その記録が正確かどうかにも気を配らなければならない。

たとえば、びん詰め加工では、仕上がった加工品のpHが四・二以下でなければならない。しかし、pHを測るpHメーターの表示する数値がまちがっていたらどうだろう。実際はpHは四・四なのに、pHメーターは四・一を示していた、ということになれば、内容物が変敗してびんがはぜてしまうことになる。そんなことになれば、加工所のそれまでの信用もいっぺんに吹き飛んでしまう。しかも、びんがはぜたのは、pHが高かったことにあるということがわからない、ということも大きな問題である。同じ失敗を繰り返すことになるからだ。

写真3―6
定期的に計器類が正確かどうかチェックして、ファイルにしている

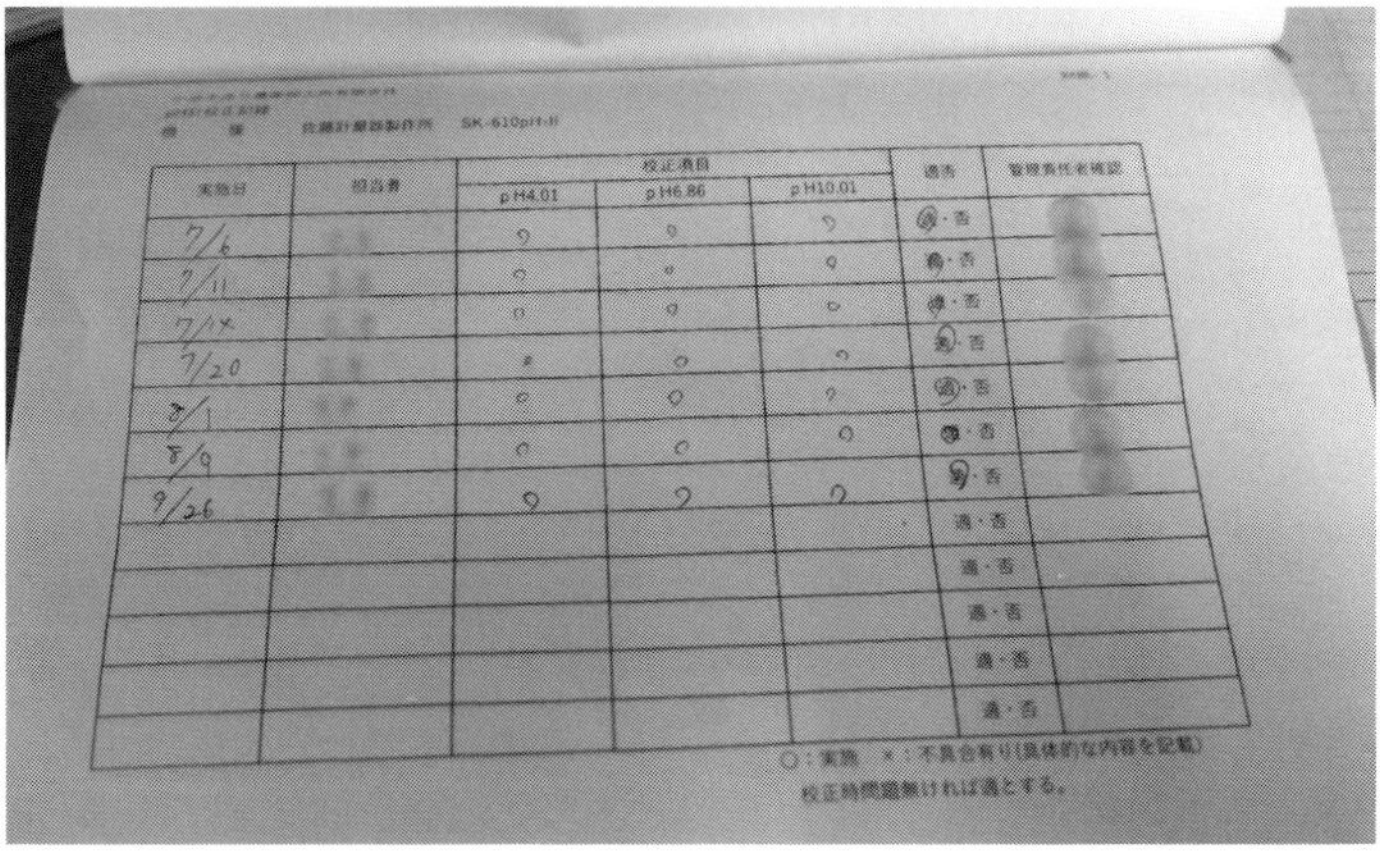

写真3―7　計器が正確かどうかチェックしている。
写真はpHメーターのもの

＊計器を定期的にチェック

そこで私の加工所では、加工作業の中で使う計器（温度計、糖度計、pHメーター、塩度計、はかり）ごとにファイルをつくり（写真3―6）、定期的に計器が示す数値が正しいかチェックしている（写真3―7）。計器にはそれぞれ、数値を校正する試薬などがついているので、それらを使う。はかりは一日一回、pHメーターも毎日が基本だ。釜の近くの温度計は月に一回というようにチェックしている。またチェックする担当者も決めており、その内容を工場長がチェックするようにしている。誤差があるような場合には、計器を修理に出すか、新しいものに交換することになる。

第二工場での作業の流れ

いっぽう、加工所での作業の流れについて見ておこう。

二つのグループで釜二つずつ担当

第二工場は現在三つの施設許可を取っている。惣菜、びん詰・缶詰、漬物である。

加工所の中には四つの釜（二重蒸気釜と羽根釜）があり、それぞれの釜は、おもに加工する加工品の種類を決めている。釜の大きさは、八〇ℓ、一〇〇ℓ、一五〇ℓ、三〇〇ℓで、それぞれコンニャク、惣菜、ジャム、ケチャップの加工用に使っている。

現在、第二工場で製造に携わっている社員は七人で、二つのグループに分かれて作業を進めるのが基本となっている。惣菜用の一〇〇ℓの釜とコンニャク用の八〇ℓの釜（羽根釜）と漬物の担当が四人、ケチャップ用の三〇〇ℓの釜とジャム用の一五〇ℓの釜の担当が三人という二つのグループに分かれて、担当する加工品を製造している。

その日に製造する加工品は、工場長がホワイトボードに書いたものをつくることになる。

釜の使い方は臨機応変に

そして、たとえばジャムの原料が多い場合には、三〇〇ℓの釜でジャムを煮る場合もあるし、さらに多いときには一五〇ℓの釜も使って加工することもある。ケチャップ用、ジャム用の釜の使い方は、その日の加工量などを勘案して臨機応変に対応することになる。

同じように、いつもはコンニャク用に使っている羽根釜を惣菜のゆで卵の調味に使ったり、漬物のナス漬けの塩もみに利用したりもする。この辺は、空いている機械がないように段取りを組んで使うようにしている。

また、ジャムのびん詰めのようなときは人手が必要になるので、惣菜やコンニャクをつくっている担当者も、そのときには集まってきて、一気にびん詰めを終えるようにする。この辺の社員の離合集散も、そのときどきの現場での加工作業の流れに応じて、臨機応変に立ち回ることになる。それが加工所の効率を上げることにつながる。

同じ種類の加工を一日にまとめる

加工所は効率よく運営していかなければいけない。そのために、同じ種類の加工品は同じ日に集約して加工するようにしている。先に紹介したタマネギドレッシングの例のように、受託加工分があるときには自社加工分も続けて作業ができるようにして、作業効率

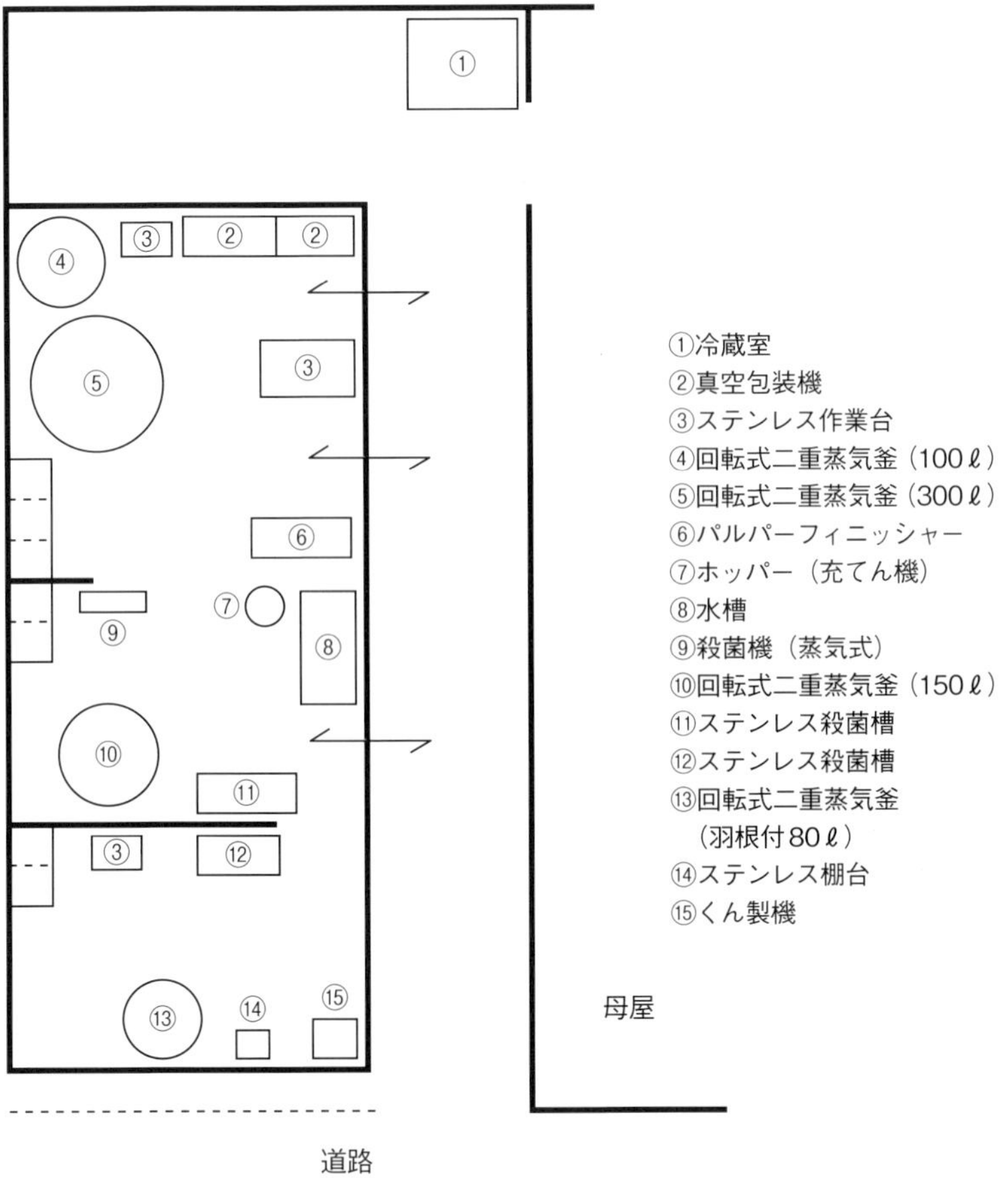

図3―2　第二工場の加工機器のレイアウト

写真3―8　充てん作業を待つブルーベリージャム。回転式の蒸気釜を傾けて、ジャムをすくいやすくしている

を高めるというような手立てをとっている。

また、加工件数が多いジャムなどでは、同じブルーベリージャムならブルーベリージャムを、イチゴジャムならイチゴジャムを担当者三人で一日中つくるようにしている。そのほうが、効率がよいからだ。受託農家の場合、六〇〜八〇kgくらいの原料をジャムに加工している。受託農家分だけでなく、自社加工分を入れることもあり、一日釜が空かないようにする。ジャムの自社加工分の原料（イチゴとかブルーベリーなど）は、買い入れるとすぐに冷凍保存する。受託加工分だけでは釜が空いてしまうときには、その冷凍保存してある原料で自社加工分を製造している。

ジャム加工を丸一日つくる場合

たとえば、ブルーベリージャムを一日つくるような場合には、次のように作業することになる。

＊びん詰めと並行して別釜で加工開始

一回目のジャム加工は朝の八時くらいから始めて、ブルーベリーを煮始める。すると、九時半くらいには煮上がって、びん詰めの作業になる。びん詰めは手早く行なうことが肝心なので、ジャムが煮上がった釜のところに三～四人が集まり、一気にびん詰めを行なう。一気にびん詰めすることで釜が空き、二回目の煮る作業に早く入ることができる。

このとき、びん詰めと並行して、ジャム、ケチャップ担当のうちのひとりが、もうひとつの釜でブルーベリーを煮始める。ジャム担当三人のところが一人抜けて二人になってしまうので、びん詰めの要員として惣菜やコンニャクの部門の人の手を借りることになる。

＊びん詰めは他部門の手も借りる

ジャムのびん詰めは、ジャムの充てんからびんのフタの締め方まで、手際よく行なわなければいけない。それには経験が必要だし、品質を落とさないための作業のポイントを押さえておかないといけない。私の加工所の社員は、ジャムとか惣菜といった担当は決めてはいても、加工所で行なう仕事は、どんな加工でも全員がきちんとできるので、びん詰めの応援なども手際よくこなすことができる。

＊びん詰め後は担当の部門へ散る

ジャムのびん詰めが終われば、ジャムの担当者は釜を洗ったり、びん詰めされたジャムの殺菌などに入ることになる。手伝いに来てくれた惣菜部門の社員も、それぞれの持ち場へ戻って、中断していた自分の作業を進めることになる。

＊二つの釜で一日に六～八回の加工

びん詰め作業のときに、もうひとつの釜でつくり始めた釜のジャム加工も、一〇時か一〇時半までにはびん詰めまで終わる。ふた釜めのびん詰めも三～四人が集まってきて、手際よく作業を進める。

こうして、午前の休憩までにふた釜分のジャムができる。同じような段取りで、休憩からお昼までにもうふた釜分加工することができる。午前中にあわせて四釜分のジャムができる。午後も同じように加工して、四釜分のジャム加工を行なうことができる。こうして一日中、二つの釜を空けないようにつくり続けることで、六〜八釜分、ひと釜で平均して三〇〇本くらいのジャムのびん詰めができるので、一日に最高で二四〇〇本くらいのジャム加工ができることになる。

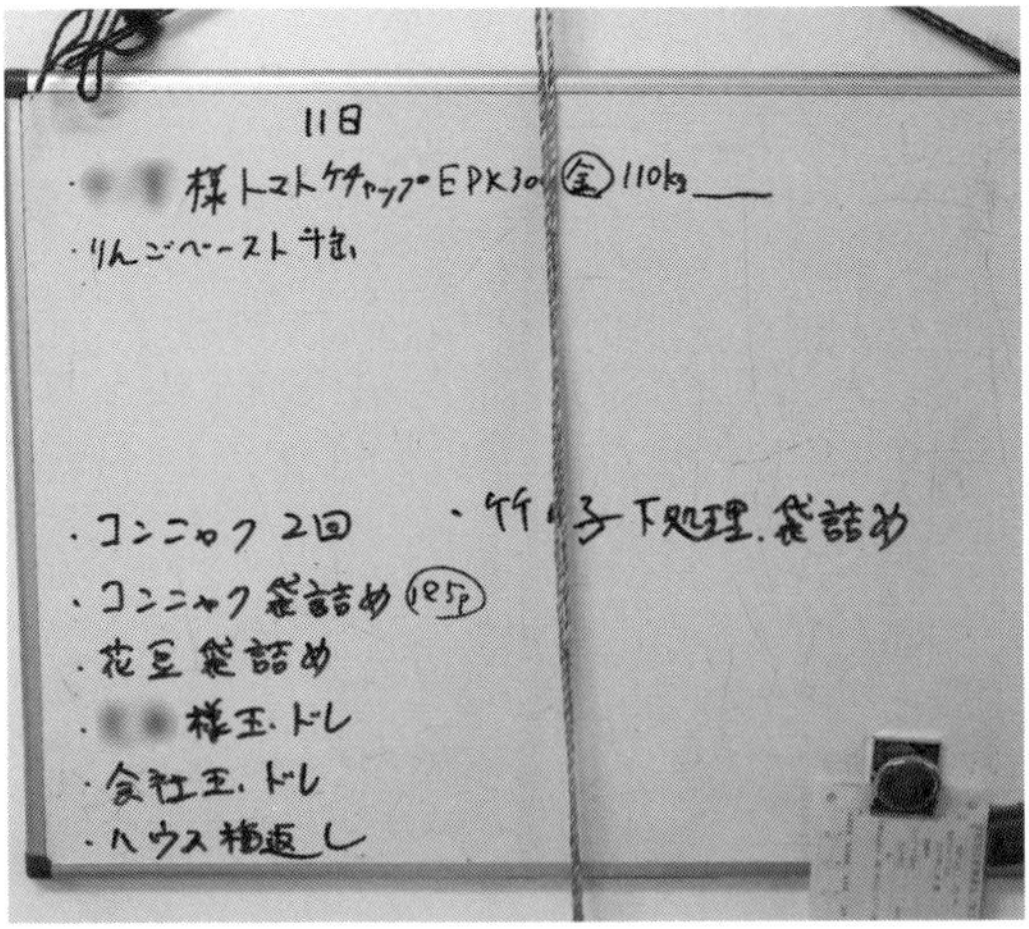

写真3—9　ホワイトボードには、その日の加工内容が書かれている

第二工場の一日

一日の仕事を示すホワイトボード

写真のホワイトボードに書かれた加工品の製造について見ておこう。写真は五月十一日製造分の加工品のリストが書かれている。この時期は比較的、忙しくない時期ではあるが、加工所の効率を考えると釜などの加工機器はできるだけ休みなく使い、社員も休みなく作業を続けられることが大切だ。

ホワイトボードの上側にある「トマトケチャップ、りんごペースト」は、ケチャップやジャムを担当している社員の作業、下側にある「コンニャク2回、竹の子下処理・袋詰め、コンニャク袋詰め、花豆袋詰め、〇〇様玉ドレ、会社玉ドレ、ハウス梅返し」は惣菜やコンニャクなどを担当している社員の作業になる。

ジャム・ケチャップ担当の作業

＊受託加工のケチャップの製造

「〇〇様　トマトケチャップ　EPK300　金　110kg」というのは受託農家の名前と製造する加工品名、ケチャップを詰める容器の種類、キャップの色、原料の量がそれぞれ書かれていて、その内容に基づいて加工していく。一五〇ℓの釜（回転式二重蒸気釜）で煮て、そのあと、パルパーフィニッシャーで裏ごし、さらに煮て、味つけをして仕上げる。

＊一次加工品のリンゴペースト

「りんごペースト斗缶」とあるのは、仕入れておいたリンゴをジューサーで搾汁し、三〇〇ℓの釜（回転式二重蒸気釜）を使って煮詰め、ペースト状にして、一斗缶に充てんする加工である。煮詰めるにあたっては、釜のそばに大型の扇風機を置いて、煮立った泡が吹きこぼれないようにする（70ページの写真2―9）。扇風機のおかげで一人分の人手が省ける。こうしてペースト状にしたものを一斗缶に入れて保管し、あとで焼き肉のタレなどの加工の原料にするための一次加工である。

以上を並行して行なうのが、ケチャップ・ジャムの担当者の一日の作業になる。

写真3―10　トマトケチャップの工程で、煮上げたミニトマトをこれからパルパーフィニッシャーにかけて裏ごしする

写真3―11　練り上げたコンニャクをバンジュウに入れて凝固させる

コンニャク・惣菜などの担当の作業

＊コンニャクづくり

ホワイトボードの下側に書かれているものについては、次のとおり。

「コンニャク2回」「コンニャク袋詰め」というのは、コンニャクを二回つくり、さらに前日つくっておいたコンニャクを朝から袋詰めするということ。

コンニャクは羽根釜を使って、コンニャク粉とひじき粉を水に溶かし、加熱して撹拌、凝固剤（水酸化カルシウム）を加えて凝固させ、バンジュウに入れて固まるまで放置する（写真3―11）。その後、袋に詰める大きさに切ってからゆでて、そのあとに袋詰めをする。「コンニャク2回」は、この工程を二回繰り返すということ。

さらに「コンニャク袋詰め」は前日に凝固させ、袋詰めできる大きさに切ったコンニャクを熱湯を張った釜の

写真3―12　花豆煮の検品と袋詰めの作業。この作業は始めたら途中で止められないので、人手がいるジャムの充てん作業があっても加勢はしない

中に入れて一晩かけてゆでてあるので、これが冷めたのを確認してから袋詰めするということ。これは朝、加工所に来てはじめに取りかかる作業になる。

＊一気に行なう花豆煮の袋詰め

コンニャク・惣菜などの担当のひとりは、前々日の夕方からつくり始めた花豆煮が朝にはできあがっているので、煮汁を捨てて、手でそーっと豆をすくって、傷がないか検品しながら重さを量り、袋詰めする。袋詰めした花豆煮を真空包装機にかけて「花豆袋詰め」の作業が終わる。

この作業は花豆煮を袋詰めしてから殺菌するまでを続けて行なわなければならないため、始めたら途中で中断することはできない。午前中をかけて一気に終わらせる。通常、一〇時あるいは一〇時半頃から一五分間とる休憩もとらない。その分、お昼休みの一時間に一五分プラスする形で休憩をとることが多い。

＊受託＋自社のタマネギドレッシング

「〇〇様玉ドレ」「会社玉ドレ」はどちらもタマネギドレッシングの加工である。「〇〇様玉ドレ」は受託加工の、「会社玉ドレ」は自社加工の、それぞれタマネギドレッシングの加工をすることである。どちらもレシピは同じなので、受託分終了後に自社分をつくることで効率を上げているわけだ。

タマネギドレッシングは、仕入れたタマネギの皮を剥き、尻の部分をカットして、きれいに水洗いしたあと、一〜二分熱湯に浸けて外側を殺菌する。それからフードカッターでみじん切りにして、醸造酢・サラダオイルと混ぜていき、容器に定量入れる。別途、調味液をつくり加熱、その液をホッパーに充てんし、タマネギのみじん切りの入った容器に注ぎ、キャップしたら、すぐに水を張った水槽に入れて冷却する。

このような工程を経てつくられるのだが、この工程の中で、フードカッターでみじん切りにする、ホッパーから調味液を容器に充てんする、といったことは、受託加工分も自社加工分も同じ作業になるので、続けて作業を進めたほうが効率が上がる。

＊梅干しの天地返し

「ハウス梅返し」は梅干しをつくる工程で、塩漬けしたウメを天日干しするのだが、私の加工所ではその天日干しを加工所近くのビニールハウスの中で行なっている。雨が降ってきても濡れないので、雨が降るかどうか気をもまなくてすむからだ。この天日干しのときにまんべんなく干せるように、干してあるウメをひっくり返す天地返しを随時行なう。その作業を手が空いたときに行なうということだ。

なお、天地返しで割れているウメが出たら、捨てないで、練り梅に加工している。

写真3―13　ハウスで天日干し中の梅干し。天地返しをして一粒一粒まんべんなく干し上げる

写真3―14　下処理した竹の子を袋詰めし、真空包装する

＊販売用にも二次加工にも使える竹の子の水煮

「竹の子下処理・袋詰め」は、旬の竹の子を仕入れて、すぐに皮を剥き、

一〇〇ℓの煮釜でゆでる。このとき食品用カルシウムを加えてアクを取り、水にさらす。さらに酢を加えた水でゆでて、冷まし、袋詰めしておく。つまり竹の子の水煮をつくり、袋詰めし真空包装機にかける作業である。

袋詰めした竹の子の水煮は、旬の竹の子が出回る少し前と、正月の前によく売れる商品である。また二次加工していろいろな惣菜の材料として使うこともできる。

皮剥き、煮釜でゆでる、冷ましたものを袋詰めし、殺菌して冷水に浸けるという一連の作業を行なうことになる。

できた加工品は包装担当へ

袋詰めされたり、びん詰めされた加工品はジュース工場の敷地にある包装などを担当する部署に運び込み、検品やラベル貼り、箱詰めなどをして受託農家へ引き渡されることになる。たとえば検品の際にフタに凹みがあれば、それは商品にならないのではじかれる。その数量なども受託加工依頼書及び加工報告に記入して、受託農家にわかるようにしている。同時に製造記録にも記録される。

なお、原料などの表示をする裏ラベルはまちがってはいけないので、専任の担当者がいて、ラベルをつくる。表ラベルは最近は受託農家が自分でつくることが多いが、依頼されれば表ラベルをつくって貼るようにしている。びんの場合には、自動のラベル貼り機を使って能率を上げている。

以上が第二工場の一日の作業ということになる。このように受託加工分と自社加工分を組み合わせる。商品となる加工品をつくるだけでなく、一次加工も随時取り入れながらその後につくる加工品の原料となるものもつくっている。とくに煮釜が空くことのないように作業を仕組み、社員が働き続けられるように加工所を運営していくことがポイントなのだ。

第二工場での作業の実際

一〇人の社員がおもにジュースをつくっている第二工場での働き方・作業の流れについて、その実際を紹介する。なお、加工所としては第二工場のほうが早くから操業しているのだが、事務所が併設されているので、ジュース工場を「第一」工場としている。

伝票類の流れと記録による管理

基本は第二工場と同じ

基本的な伝票類の流れと記録については、第二工場と同じである。ただ、第一工場ではパソコンでのデータ管理が行なわれており、受託農家の加工履歴や製造記録がパソコンに蓄積されていて、すぐに利用できる。

受託加工の場合、申し込みの受付、三枚綴りの伝票「受託加工依頼書及び加工報告」での管理などは同じである。

第一工場では「製造記録」という書式で、文字どおり製造の記録がパソコンに蓄積され、管理されている（写真3―15）。第二工場同様、前回の「製造記録」をもとに加工する。

製造記録どおりの製造でよいか確認

予約のお客さんについては、前回の「製造記録」から、何も記入していない今回の「製造記録」の用紙にどのような加工をするかを手書きで記入して、「これでよろしいか」と確認して製造することになる。

また原料を送ってくるお客さんについても同様に、事務所に加工方法が前回同様でよいか確認をとってから製造に取りかかっている。

こうして、「製造記録」をもとに毎回同じ味のジュースを製造することができる。

もっとも、お客さんによっては、前回とは加工方法を変えてほしいと言うこともある。たとえば、「前回は加えたリンゴ酸を使わないでジュースにしたい」といった要望があれば、そのような加工方法をとることになる。

予定表を基本に製造

日々の加工については、事務所がつくった予定表に基づいて行なわれる。その予定表をもとに、工場長は前日の夕方、ホワイトボードに翌日の加工の内容を書き込む。社員はそれを見て、当日の加工に取りかかることになる。

加工内容は逐次、「製造記録」に記録され、その記録が次の加工品製造の基礎データとなる。

どのような加工が行なわれたか、どのくらいの本数ができたかは、三枚綴りの「受託加工依頼書及び加工報告」の一枚に記入され、ジュースができたときに受託加工農家に加工報告として渡される。また、できた加工品を受け取りに来る場合には、荷造りした段ボール箱に、拡大コピーした「加工報告」をつけておく（写真3―16）。

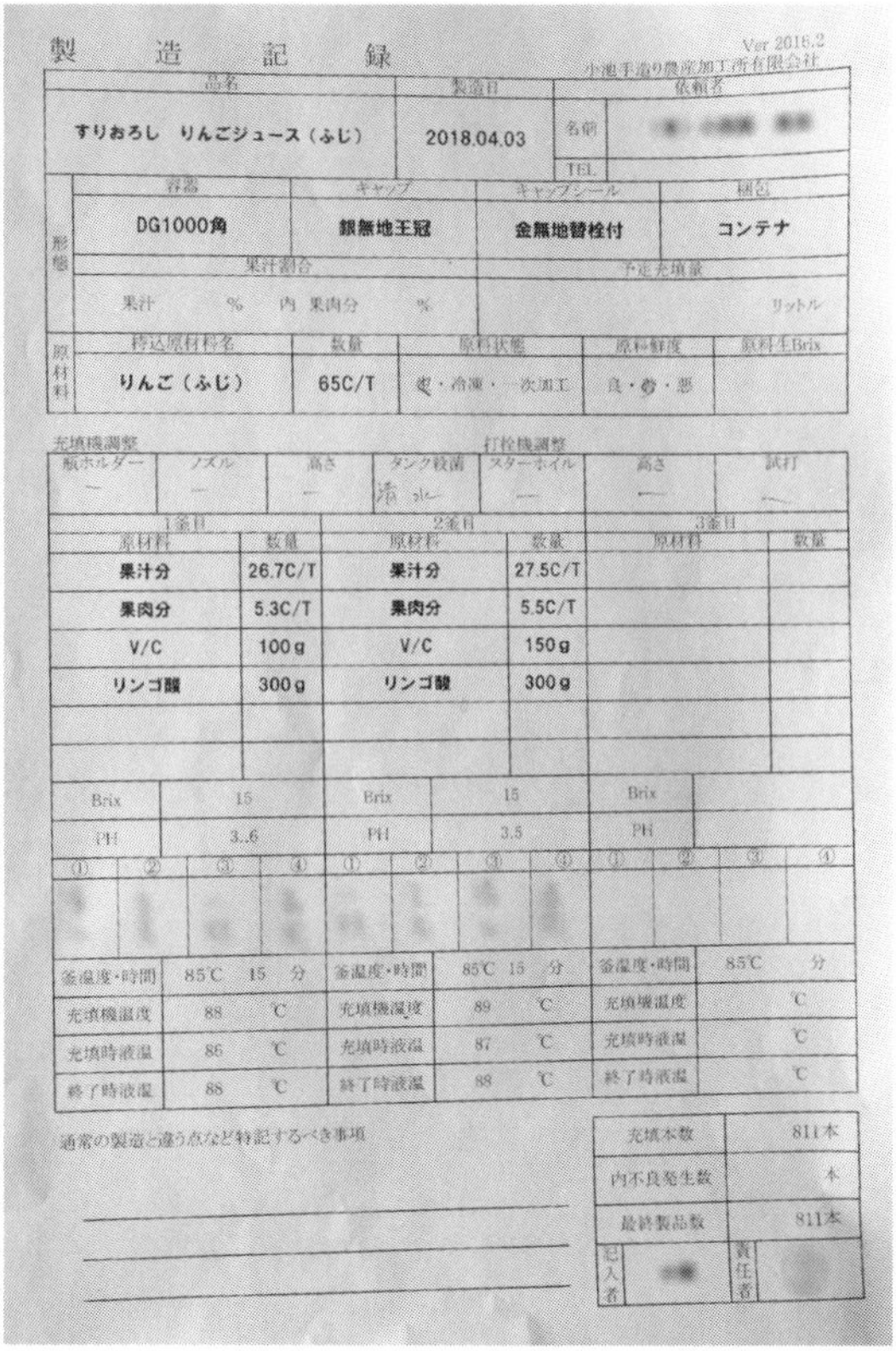

製造記録　Ver 2016.2
小池手造り農産加工所有限会社

品名	製造日	依頼者
すりおろし　りんごジュース（ふじ）	2018.04.03	名前　TEL

	容器	キャップ	キャップシール	梱包
形態	DG1000角	銀無地王冠	金無地替栓付	コンテナ
	果汁割合：果汁　%　内 果肉分　%		予定充填量：リットル	

	持込原材料名	数量	原料状態	原料鮮度	原料生Brix
原材料	りんご（ふじ）	65C/T	生・冷凍・一次加工	良・普・悪	

充填機調整　打栓機調整

瓶ホルダー	ノズル	高さ	タンク殺菌	スターホイル	高さ	試打
―	―	―	湯 水	―	―	―

1釜目 原材料	数量	2釜目 原材料	数量	3釜目 原材料	数量
果汁分	26.7C/T	果汁分	27.5C/T		
果肉分	5.3C/T	果肉分	5.5C/T		
V/C	100g	V/C	150g		
リンゴ酸	300g	リンゴ酸	300g		
Brix	15	Brix	15	Brix	
PH	3.6	PH	3.5	PH	
釜温度・時間	85℃　15　分	釜温度・時間	85℃　15　分	釜温度・時間	85℃　分
充填機温度	88　℃	充填機温度	89　℃	充填機温度	℃
充填時液温	86　℃	充填時液温	87　℃	充填時液温	℃
終了時液温	88　℃	終了時液温	88　℃	終了時液温	℃

通常の製造と違う点など特記するべき事項

充填本数	811本
内不良発生数	本
最終製品数	811本
記入者	責任者

写真3―15　第一工場の「製造記録」

写真3―16　拡大コピーした「加工報告」を加工品の入った段ボール箱につけて、加工内容が受託農家にわかるようにしている

第一工場での作業の流れ

第二工場とは異なる作業の流れ

第二工場では三つの施設許可をとって、いろいろな加工品をつくっているが、第一工場は清涼飲料水の施設許可をとって、ほぼジュースだけをつくっている。そのため、その日に行なういくつもの加工品の作業を、社員が離合集散しながら進める必要のある第二工場とは、作業の流れはおのずと異なってくる。第一工場ではジュースの加工一本なので、作業は毎日同じように流れていくことになる。

ジュース加工でもっとも忙しいのが秋から春にかけてのリンゴジュースの時期になる。周年加工しているトマトジュース以外は、その季節季節の果物・野菜のジュース加工が主体となる。リンゴやトマトのほかに、ブルーベリー、ブドウ、ミカン、ニンジンな

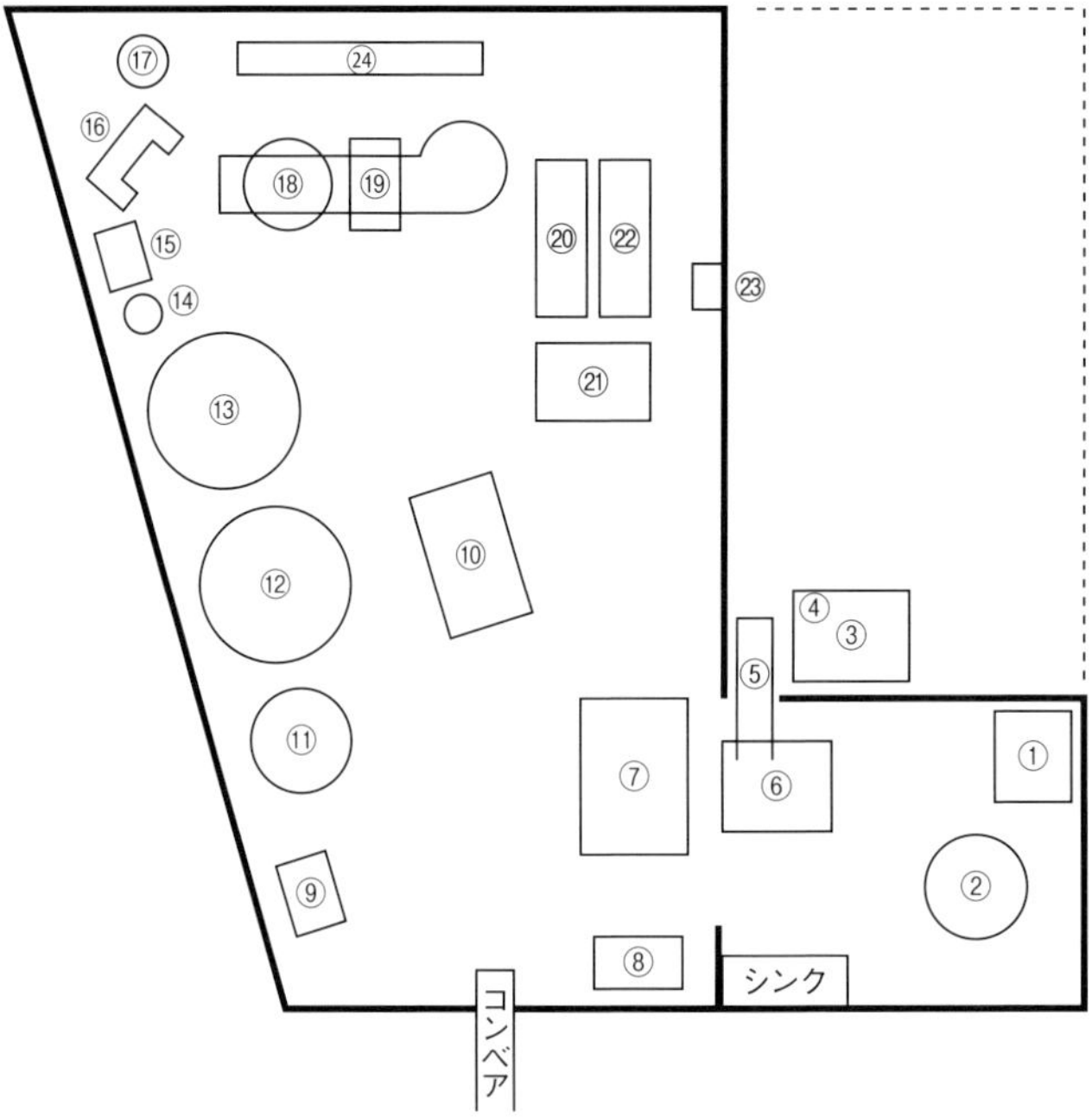

①水槽
②回転式二重蒸気釜（羽根付）（200ℓ）
③貯留槽
④コンベア
⑤洗浄機
⑥バケット
⑦果実搾り機
⑧圧搾機1　⑨圧搾機2
⑩パルパーフィニッシャー
⑪回転式二重蒸気釜（300ℓ）
⑫二重蒸気釜（600ℓ）
⑬二重蒸気釜（600ℓ）
⑭脱気装置　⑮殺菌機
⑯びん殺菌機（蒸気式）
⑰タンク（一時貯留）
⑱充てん機　⑲打栓機
⑳冷却槽（40℃）
㉑水槽　㉒キャップシール
㉓検査キット
㉔ローラーコンベア

図3―3　第一工場の加工機器のレイアウト
注　蒸気釜（⑪⑫⑬）は固定されているが、ほかの加工機器の中には移動できるものも多く、製造する加工品によってレイアウトは変わる

ど、さまざまなジュースを製造している。

以下、リンゴジュース製造での作業の流れを見ておこう。

リンゴジュースの工程

図3―3、図3―4が第一工場のレイアウトと原料、果汁やびんの流れを示したものである。リンゴジュースをつくる工程と加工機器について簡単に紹介する。

＊原料と搾汁

まず原料のリンゴは、傷んだ部分などをトリミングしたものを使う。受託加工農家はトリミングしたリンゴを持ち込んで、それを原料にジュースに加工する。自社加工の場合は、社員がトリミングをし、そのリンゴを原料にする。

原料のリンゴは貯留槽に投入され、コンベアで洗浄機に入る。水を流しながらブラシを回転させて汚れなどを落とし、原料のリンゴはバケットに落とされ、続いて果実搾り機に入る。果実搾り機で果汁と果肉に分けられるが、このときビタミンCを加えて、リンゴの褐変を抑えることがジュースを色よく仕上げるための大事なポイントになる。

＊果肉からさらに果汁をしぼる

果汁はポンプで六〇〇ℓの二重蒸気

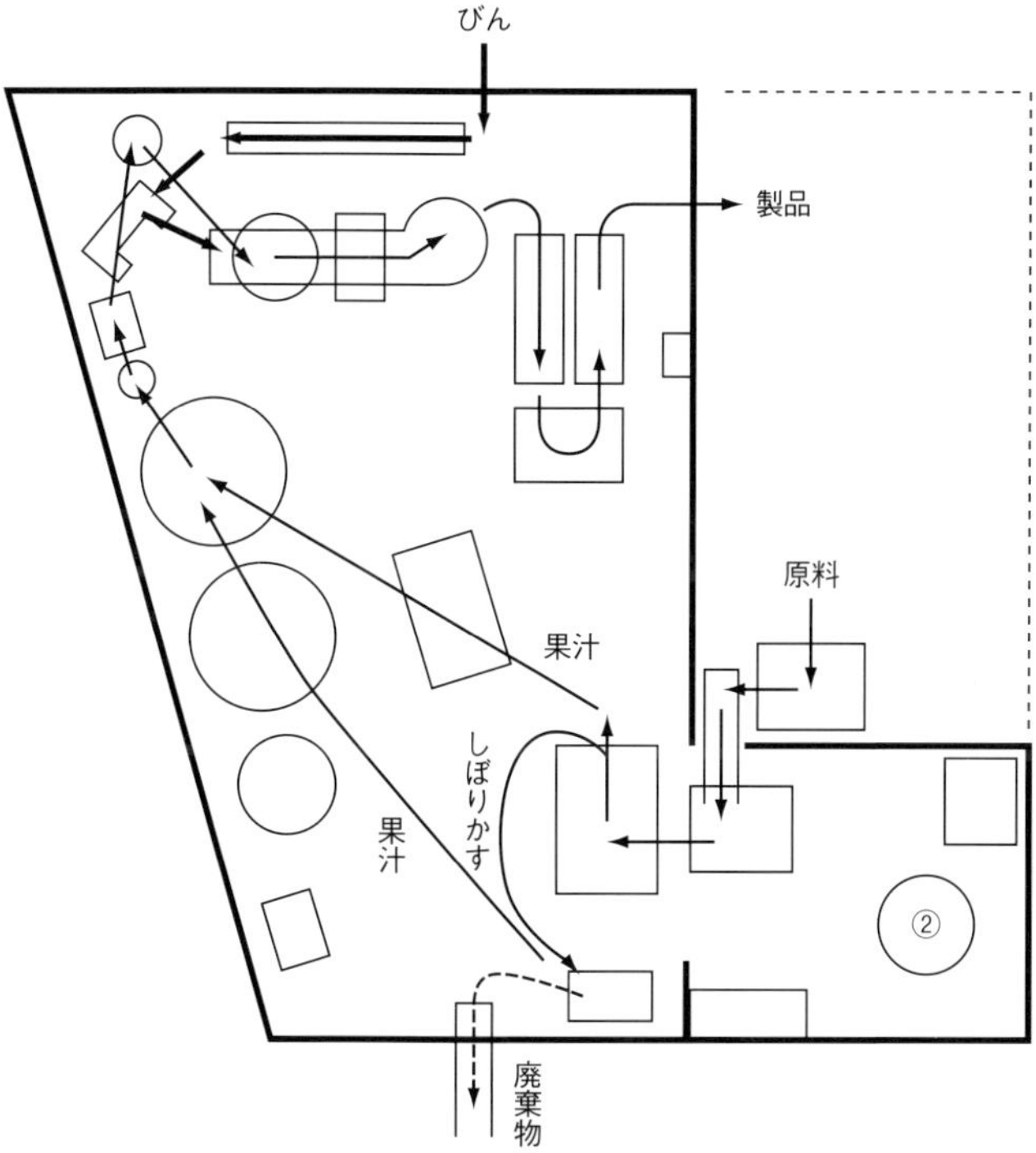

図3―4　第一工場でのジュース製造の流れ

写真3—17　リンゴは貯留槽に投入されて、コンベアで洗浄機に入り、バケットに落とされる

写真3—19　圧搾機。果実搾り機から分離して出た果肉分から、果汁をしぼり出して、歩留まりをよくする

写真3—18　果実絞り機。リンゴから果汁をしぼる

釜へ移される。

いっぽう果実搾り機から出てきた果肉部分は、桶に入れたしぼり布で受けて、圧搾機にかけて果肉部分に含まれる果汁をさらにしぼる。原料からジュースになる割合、歩留まりをよくする大切な工程だ。作業の効率はもちろんだが、原料からおいしい加工品をどれだけ多くつくれるかも、加工所にとっては効率を上げるための大切なポイントなのだ。

しぼった果汁は二重蒸気釜に入っている果汁に加えられる。しぼりかすはベルトコンベアで加工所の外へ送り出される。

＊果汁の加熱とアク取り

果実搾り機からの果汁と果肉を圧搾機にかけてしぼった果汁は、六〇〇ℓの二重蒸気釜で九〇℃一五分間の加熱処理を行ない、発生するアクを取る。また糖度やpHなども測定する。

写真3—22　果汁を充てんされたびんをコンテナに詰め、いっぱいになったらコンテナごと2つの冷却槽を通し、キャップシールをして搬出する

写真3—20　しぼった果汁は二重蒸気釜で加熱される。このときアクをしっかり取ることが肝心。左から300ℓ、600ℓ、600ℓ。おもに使うのは2つの600ℓ釜

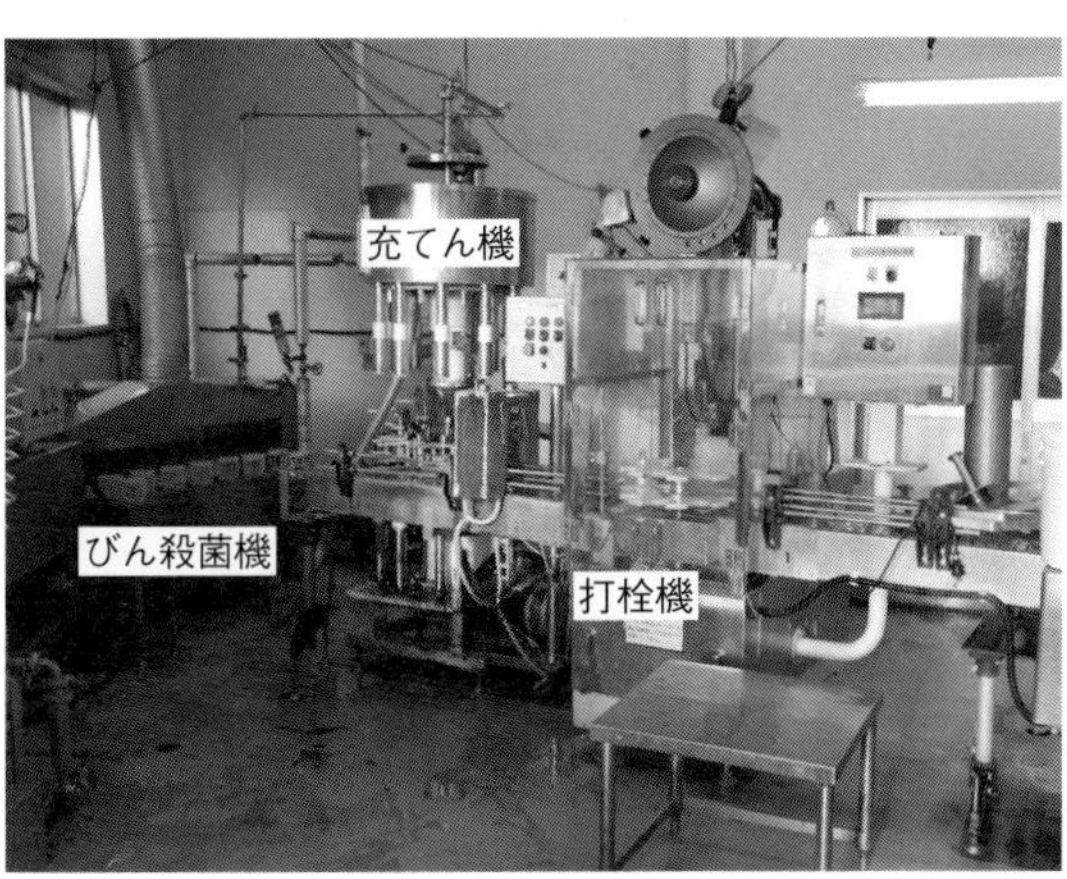

写真3—21　果汁をびん詰めするライン。左からびん殺菌機、充てん機、打栓機。ラインのタンク、充てん機にはそれぞれ温度計がついており、温度が下がらないようにできている

＊殺菌

果汁は二重蒸気釜で加熱され、その後、脱気装置、殺菌機を通り、タンクに入る。

＊びんは蒸気で殺菌

果汁を入れるびんの殺菌は蒸気殺菌機で行なっている。ボイラーからの蒸気が吹き上がってくる箇所にびん受けがあり、びんを逆さに挿して、びんの口から蒸気を吹き込んで殺菌する。一度に九本のびん内を殺菌できる。短時間でしっかりと殺菌できるので、効率を高めることができる。

＊果汁の充てんと打栓

殺菌したびんはコンベアに載せると、自動で充てん機に送り込まれて、熱い果汁が充てんされる。果汁を充てんされたびんは、続いて打栓機に送り込まれて王冠を打栓される。打栓されたジュースのびんは丸いテーブルに押し出される。

＊びんの検品と冷却

ジュースの詰められたびんを検品して、コンテナに詰めていく。コンテナがいっぱいになったら四〇℃の湯が張られた冷却槽に順次押し出してやる。いきなり水に浸けてしまうと、びんが割れてしまう恐れがあるので、順次、冷却槽の温度を下げていく。

冷却槽からコンテナを出し、さらに水の入った水槽に浸けて、さらに品温を下げる。

＊キャップシールと搬出

水槽からコンテナを取り出し、キャップシールをする。

あとはコンテナごと搬出し、さらに包装の部署でラベルなどを貼って商品としてのリンゴジュースになる。

以上がリンゴジュースの工程の概要である。

作業の段取り
（リンゴジュースの場合）

ここまでに見たリンゴジュースの工程のうち、社員をどのように配置しているかを見ておこう。

＊カナメとなる搾汁

まず、リンゴの洗浄から果実絞り機と圧搾機で果汁をしぼるところを、二～三人の社員が交代で担当している。ここはジュース加工のカナメとなるところ。果汁をしぼってはじめてジュースを製造することができるからだ。

果実搾り機は高価であり、原料による調整も必要になる。果実搾り機の操作にも詳しい、安心して任せられる人を配置している。ジュースをきちんと色よく、歩留まり高くしぼれる技術を持った人を充てている。

＊アク取りの作業

二重蒸気釜で果汁を煮て、アク取りをする担当が各一人。搾汁された果汁が釜で加熱される。九〇℃一五分が目安。この間、社員はアクをしっかり取り、pHを測り、糖度を測る。

＊充てんからの作業

そしてびんの殺菌、果汁の充てん、打栓から検品、冷却、キャップシール、搬出で四～五人の社員が担当する。

そして原料の搬入、投入、びんやキャップなどの資材の搬入に一人の社員が対応している。

このように、第一工場では社員一〇人でジュース加工を進めている。

＊臨機応変にフォローに入る

もちろん、各人の作業には忙しいときとそうでもないときがある。作業の手間が空くようなときは、ほかの作業を見回して適宜フォローに入るようにしている。各社員が判断して、加工所の効率を高めるようにしている。

写真3―24　検査キットを載せた作業台。糖度計、pH計、粘度計などの計測器がある

写真3―23　ジュースの製造ではアク取りが大切なポイント。写真はトマトジュースの製造時のもの

写真3―25　釜の果汁のpHを測るのに、シャワーをあてて品温を下げ、常温でのpHを測る。熱いとpHの数値が高く出てしまう

写真3―26キャップシールしたジュースを取り出し、搬出する

＊休憩は作業の流れのなかでしっかりとる

休憩は忙しい時期でもしっかりとっている。

午前・午後の一五分の休憩時間は、工場長が作業の流れを見て、時間の取れそうな人を指名するなどして、交代で休むようにしている。また昼の一時間は、六〇〇ℓの釜二つに果汁を入れて煮込んだ状態にして、半数の五人が充てんなどの作業を続け、残りの五人が食事をとるようにしている。食事の休憩に入った五人は一時間後に、作業を続けていた五人と交代して、作業をしていた五人が休憩をとれるようにする。

なお、昼休みも搾汁などを行なうとなると、いまの一〇人ではきつい。最低でも六人残らないとできないので、一二人が必要になると考えている。製造量を増やすことはできるが、同時に人件費などもかかるので、経営のことを総合的に判断しなければならない。

効率をよくする手立て

繁忙期には早朝出勤を組み合わせる

＊早朝出勤でひと釜分を煮ておく

加工所は通常の就業時間は朝八時から夕方五時半までである。しかし、リンゴ加工の最盛期になると、この時間だけでは対応しきれなくなる。そこで、効率を高めるために、早朝出勤を組み合わせて対応している。

実際は、早朝出勤できる社員が五人ほどいるので、二〜三人ずつローテーションを組んで、早朝出勤してもらい、ほかの社員が出社してくるまでに、ひと釜分のリンゴを搾汁し、煮込んでおくのである。

＊定時にはすべての機械が動き出す

このようにすることで、通常の時刻に出社してきた社員は、ひと釜分のリンゴ果汁の充てん以降の作業にすぐに取りかかることができる。そして早朝出勤の社員も交えて、もうひと釜分の搾汁も始めることで、通常の就業開始時刻には第一工場のジュース加工関連の加工機器がすべて稼働し、ジュースの加工作業が進んでいくことになる。

69ページでは「釜の空かないシステム」について紹介したが、加工機器でも同じことが言えるのである。つまり、加工機器が動き続けるように仕事の仕方を考えていくこと、それが効率アップのポイントなのだ。

また朝のほうが集中できて作業の効率も上がる一面もある。

＊経営的なメリットも

さらに、私の加工所の場合、残業となると全員残業になる。加工所の仕事は二〜三人だけでまわるわけではないし、夕方は全員で掃除をして終わりになるからだ。しかし、早朝出勤であれば、早朝出勤した五人くらいに手当を出せばいい。経営的なメリットもあると言える。

＊夕方から自由な時間がつくれる

だらだら残業するより早朝から出社して、頭もからだもすっきりしている状態で加工したほうが、少ない人数でも効率が上がる。早朝出勤を組み入れることで、全員が定時の夕方五時半に仕事が終われば、そのあとは自由な時間にもなる。

工場間の連携で効率アップ

＊繁忙期でなくても機械を動かし続ける

第一工場で忙しいのは十月から翌年の四月くらいまで。この期間はリンゴジュース繁忙期となる。しかも週に二日はトマト農家がトマトを持ち込んで、トマトジュースを丸一日つくり続けるので、隔週二日の休みがある加工所では、リンゴのジュース加工は週に三〜四日だけになる。このようなこともあって、早朝出勤しないととてもやっていけない加工量になっている。

しかし、五月から九月にかけては忙しい時期もあるが、リンゴの時期ほどではない。このような少し余裕があるようなときも、加工機器を動かし続けないと効率が上がらない。そこで、第二工場との連携が大切になる。

＊一次加工品をつくっておく

たとえば、いつもはジュースをつくる蒸気釜を使って、ニンジンペーストや焼き肉のタレなどに使うリンゴペーストなどをつくる。

また、第二工場でつくるケチャップ用に、トマトをパルパー処理（裏ごし）までしたものをつくり、それをビニールを敷いたコンテナに充てんし、そのコンテナを冷凍室に積んで凍らせる。このような形で一次加工しておけば、あとは第二工場が必要なときに原料として使うことができる。あとは煮込んで味つけをすれば、ケチャップが完成する。第二工場にとっても、トマトを一から加工しないですむので、時間も工程も短縮でき、効率アップにつながる。18ページでも紹介した一次加工のメリットである。

第一工場の加工機器を休まずに使えることになるし、第二工場にとっても効率アップになるわけだ。

このような作業は、打ち合わせのときに話が出たり、第二工場から頼まれたり、逆に第一工場から「手があるんでつくっていいか」と問い合わせたりといった連携で行なっている。

同じ日に同じジュースをつくる

＊同じ加工品を一日に集約して効率を上げる

第一工場では効率を上げるために、基本として同じ日には同じジュースをつくるようにしている。事務所で加工依頼を受けた場合でも、同じ種類のジュースが製造できるように調整して予約表にしてくれている。

このように同じ加工品を一日に集約して加工することは効率を上げることにつながる。同じ種類のジュースを、リンゴジュースならリンゴジュース、トマトジュースならトマトジュースを一日中つくることが基本である。

＊種類がちがうと機器の洗浄が必要に

　できたジュースをびんに充てんするときは、釜で煮上げたジュースはパイプを通って充てん機に送られ、そこでびん詰めされていく。ジュースの種類がちがえば、釜を洗うだけでなく、パイプの中や充てん機をはじめとして、パイプでつながっているいろいろな加工機械をよりきれいに洗って、一から加工の工程を進めていかなければならない。

　たとえば、ブルーベリージュースのあとにリンゴジュースを、機器を洗うこともなく、そのまま連続してつくったりしたら、パイプや加工機器に残っていたブルーベリージュースがリンゴジュースに混入してしまう。リンゴジュースだけ、ブルーベリージュースだけであれば、連続して加工してもこのような問題は起きない。

＊一日に異なるジュースをつくる場合

　一日に行なう加工は同じものをつくるのが基本だが、受託農家の都合などで、異なるジュースをつくらなければいけない場合もある。突然、原料を持ってきて今日中にジュースにしたい、といったイレギュラーな加工が持ち込まれる。

　たとえばトマトジュース主体の日に、イチゴジュースをつくらなければならない場合がある。この場合、最初にイチゴジュースをつくる。というのも、イチゴジュースではろ過によって果肉を取り除くので、製造後の洗浄はお湯をサーッと流してしまえば、きれいになる。きれいにしてからトマトジュースをつくれば、イチゴが混じってしまうようなことはないので、朝一番に作業することが多い。そのあとは同じジュースを連続してつくることができる。

　同じ日には同じジュースをつくるのが基本なのだが、先のようにちがうジュースをつくることも出てくる。そのような場合には、素材のちがうジュースの製造を間に入れない段取りを組むのが基本になる。

第４章
私の考える農産加工所の加工技術

本章では、私の加工技術の考え方をまとめておく。加工所には「小池レシピ」と呼ぶ商品ごとの材料の配合や手順を記した基準がある。しかし、それは企業秘密ではない。基準ではあるが、技術を身につけた人がその場でつくり、使われていくものこそ企業秘密なのだ。

加工の技術と小池レシピ

小池レシピは企業秘密か?

＊レシピを起こすまで

私の加工所の商品はすべて私が開発したものである。ひとつの商品ができるまでには、何年かの時間がかかったものもある。その間、いろいろなアイデアを入れ込み、試行錯誤を重ね、うまくいかないことも多々あるなかで開発を進める。そして、これで商品になるということになると、原料の使用量や糖度やpHなど製造に必要なレシピを起こす。このレシピをもとに加工所での製造がスタートする。

＊レシピどおりでも同じ味にはならない

加工品の製造は、基本的には「小池レシピ」と呼んでいるものを基準につくられている。もちろん、受託農家の要望で小池レシピにある原料のひとつを入れないでつくってほしい、ということもある。そのつくり方は、製造記録に残されて、次の製造時に活用されることになる。

私はこの小池レシピ、加工所での製造方法について、とくに秘密にしてはいない。「レシピは企業秘密なんだから外に出してはいけない」という意見も多くある。しかし、同じ味にできそうでできないのが商品なのである。活字で、この加工品はこれこれこうやればできますと書いたところで、絶対に私の加工所と同じ味の商品にはならない。これが加工技術の奥深いところなのだ。

＊売り物にならんと返されたトマトジュース

次のような例はいくつもある。ある加工所がトマトジュースをつくる仕事を受託した。トマトジュースの小池レシピを教えて、そのとおりにつくったはずだった。しかし、「売り物にならん」と返されてしまった。もう一回つくりなおしたのだが、やはりダメだという。おいしくつくれないの

レシピどおり
つくったのに
同じ味にならない
小池レシピ
そこが加工の
奥深いところ
なの

だ。

困ってしまって、三回目に私の加工所にやって来た。そこで、教えながらつくったらOKになった。私の加工所でも同じレシピでつくったのにである。

＊ざらざら感の残るニンジンとリンゴのジュース

また、私の加工所の人気商品であるニンジンとリンゴのジュースについても、同じようなことがあった。小池レシピでつくったはずなのに、売れないというので返されてしまった。飲んでみると、ざらざら感があって舌に絡む。これじゃダメということで、返されたのだった。何が悪いのか、つくった加工所ではわからない。原因はニンジンの下処理をするときに、煮る時間が少なかったことだった。しっかりと煮込まなかったために、ざらざら感が残ってしまったのだ。

＊五回もつくりなおしたパスタソース

さらに、こんなこともあった。営業担当が県内のイタリアンレストランからパスタソースをつくってほしいという仕事を受注してきた。そこで私の加工所の者が見本をつくることになった。夜遅くまでかかって見本をつくって送ったのだが、OKが出ない。五回ほど見本をつくったのだが、どれもOKが出ない。営業から、どうしてもOKにならないから、私につくってほしいと話を持ってきた。私がつくって

写真4—1「にんじんと林檎のジュース」。ニンジンのざらざら感が残らないように加工しないとおいしくない

写真4—2　トマトパスタソース

見本を持っていったら、「これでＯＫ」ということになった。

＊企業秘密は工場で堂々と使われている

レシピ、材料は同じなのにできたものがちがう。入れる原料は同じでも、できあがったときにもののちがいがわかる。答が出てくるのだ。パスタソースの例で言えば、バジルを使うのだが、そのバジルが生か乾燥したものかでも味がちがってくる。なぜそうするかということも入れ込んでレシピをつくっている。

こんなもの誰でもできると思っている。レシピがあれば商品になると思っているのだが、そうではないのだ。

言ってみれば、企業秘密というのは書かれたレシピではなく、つくる人がその場でつくっていくことでつくられるのである。社員が覚えて、工場の中で堂々と使われていくものなのだ。そういうところを見ていないからレシピの意味がわからない。レシピそのものが企業秘密だと勘違いしている。

＊社員は製造の技術者

経験で培った技術と応用力

加工所で製造にかかわっている社員は、皆、いろいろな加工品を製造するという意味では技術者である。レシピに従って、きちんと作業を進め、おいしい加工品を日々製造してくれている。びんのキャップの締め方から、ジュースの煮込み、アクの取り方、漬物の前処理など、おいしい加工品をつくる上できちんと守らなければならない手順や方法についてきちんと身につけている。そういう意味では製造の技術者なのである。

しかし、そうだからといって、その加工品の真の原理を知っているかというと、そうではない。

写真4—3　社員は製造の技術者なので、おいしい加工品をつくる基本を押さえている。第一工場でのトマトジュース製造の様子

*経験で培った技術を商品に込める

加工の原理を踏まえてはじめて、新しい加工品をつくり出すことができる。その加工の技術は、長年の経験の中から、試行錯誤の中から積み上げてきたものだ。どこの誰よりも勉強し、自然に自分の身についてきたものだ。それに三〇余年の年数がかかっている。

タマネギドレッシングをつくるときも、タマネギを生で入れたらどうなるか、工程の中でどうやっていけば不良品にならないか、経験を積みながら覚え込んでいく。タマネギを何g入れたらいいのか、八〇gまではいいが、一〇〇gでは発酵してしまう。そういう数字を試行錯誤を重ねながら覚え込んでいく。タマネギの処理の仕方、混ぜ方、いろんなところにヒントをぶち込んでいく。発酵を防ぐために、刻んで一晩酢に浸けて馴染ませてから加工する、といったヒントを入れ込んでいくのである。そうして何年かの年数の中で確立されたものが商品なのだ。失敗をたくさんして、工程や技術を学んできた。

*応用力を結集、受託加工を受ける

受託を受けるという心理になるまでには、時間がかかる。確かにいいものができるという自信がなければ、受託を受けられない。新しい原料が持ち込まれたような場合や、これまで経験のない加工をするような場合はとくにそうだ。失敗は許されないからだ。

しかし、いろんなものをつくっていると、応用力がつく。下処理をこうすると発酵しないでできるんじゃないかとか、ひとつのものからでなく、いろんなものの加工を経験するなかで、応用力を結集していく。加工品のジャンルを超えて発想することからヒントを見つけることもある。

どうやっていくか、失敗しないようにするためにどうするか。製品にすることを前提にしてさまざまな加工のヒントや工夫を組み入れて、商品にしてきた。

*レシピに込めた失敗しない手順と加工の原理

たとえば、シマウリの粕漬けをつくる。塩でシマウリの水を抜いて味をつけていく。商品として保存がきくかきかないかは、前処理にかかっている。その前処理をどうするか。シマウリの水分を取る、引っ張り出すにはどうするか考える。

シマウリの下漬けは時間が勝負。基本は一八時間で塩から上げるのだが、シマウリの大きさによってもちがってくる。一時間でも長いと塩辛くなりすぎて不良品になる。忙しいから明日にしましょうなんてことはできない。時間とつくる人の勝負でやっていることなのである。

社員は言われたとおり、レシピどおりに手順を踏めば、失敗はしない。しかし、加工のノウハウが詰め込まれて商品ができていること、その商品に組み込まれた加工の原理についてはわからないというのが現実なのである。

商品に込めた加工の技術と経験

技術を商品に組み込む……「辛味噌にんにく」を例に

＊ニンニクみそなのに、色味よく、においが少ない

レシピどおりにつくれば、おいしい加工品がつくれる。社員は製造の技術者だから、製造の工程をきちんと踏まえてつくっているからだ。しかし、その内容、商品開発についてはわからないのだ。

たとえば、「辛味噌にんにく」という商品がある。きれいな赤味の色に仕上げたニンニクみそだが、この商品にはいくつもの技術を入れ込んで、色よく、ニンニク臭の少ない商品にしている。

＊「黒くしない、におわない」を実現するのが技術

通常、みそとニンニクを練り合わせたニンニクみそと呼ばれる加工品は、どうしても黒っぽい色になる。茶色のみそが酸化して黒っぽくなるからだが、それではおいしそうに見えないし、売れない。黒っぽくならないようにするのが技術なのだ。

また、ニンニク臭の強いままのニンニクみそを食べたのでは人に会ったり、会社に行くのもはばかられる。そこでニンニクの成分は変えずに、食べてもあまりにおわ

写真4—4　「辛味噌にんにく」。色味よく、においの少ない加工をしている

写真4—5　「辛味噌にんにく」の裏ラベル

ないようにする。これもまた、技術なのだ。

＊数多くの経験からヒントを探る

色よくというと、業界では色粉を使う。しかし農産加工では自然の色で保つことを考える。原料などが表示されている裏ラベルを見れば、この赤はどうもトウガラシ由来のものだろうということはわかっても、どのようにトウガラシを使っているのかはわからない（ふつうは赤い色の由来など気にしない）。

しかし、トウガラシの赤を使ったからといって、みそが黒っぽくなることは避けられないように思う。みその酸化を防ぐことができなければ、やはり色が悪くなってしまう。

またニンニクのおいしさを失わずに、においを減らす手立ても考えなければならない。

どうしたらよいか思案を巡らす。これまでのさまざまな加工品をつくってきた工程を思い起こしながら、ヒントを探りながら、加工品の製造過程に組み込んでいき、商品を開発していくのである。

＊トウガラシの抗酸化作用

決め手はトウガラシにあった。トウガラシを原料として加えることで、その赤い色を付加するだけでなく、みその酸化を防ぐことができる。赤い色をきれいに保つことができた。

またニンニクについては、においと辛みは熱を加えることで飛ばすことができる。その性質を利用して、ニンニクを沸騰した湯に通すことで、食べてもあまりにおわない商品につくりかえることができた。

製造の工程にかかわる社員は、この「辛味噌にんにく」という商品を製造することはできる。私がレシピを起こしてあり、そのレシピを見てつくればよい。そのレシピを実現するためのさまざまな製造技術は身についているからだ。

しかし、この「辛味噌にんにく」という商品に組み込まれた加工の技術については知らないし、原料の組み合わせ、手順を踏む意味についても知らない。だから、この商品を開発することはできないのだ。

ひとつの商品にも、私のこれまでの三〇年あまりの経験、成功や失敗、試行錯誤などからのヒント、アイデアが含まれており、それらを応用することで商品が生み出されてくるのである。

加工品の味見をして経験を積む

＊加工品に対する私なりのアドバイス

私は農産加工で全国各地を歩いてきた。

毎年、農文協の主催で加工講座という研修会に講師役で参加している。そ

写真4―6　農文協主催の加工講座では、持ち寄られた加工品についてアドバイスをしている
（撮影：河村久美）

こに集まってくる加工に関心のある、あるいは加工所で加工品をつくっている四〇人ほどの人たちは、自分のつくった加工品を持参する。私の評価とアドバイスを聞くためだ。

持ち寄られた加工品ひとつひとつを味見して、「こうしたらもっと味がよくなるよ」「こうすると色がきれいに出るよ」といったアドバイスをする。加工の工程でどこが悪いのか、私なりに見極めた、もっとおいしくなるヒントである。

同じようなことは、普及所などに呼ばれたときも行なってきた。集まってくれる人に一品ずつ加工品を持ってきてもらい、並べて味見していく。ここでもまた、困っていることを話してもらい、アドバイスをする。

全国各地を歩いているから、見る目が育つ。さまざまな加工品を見て、味見をして、どのようにつくったかを聞いていく。そうして私なりのアドバイスをすることができる。しかし一品一品に適切なアドバイス、ヒントを提示できる人はなかなかいないだろうと思う。私は自分の加工の経験と蓄積、それに各地での経験があるので、それらを踏まえて私なりのアドバイスができているのだと思う。

＊販売するときに起きるいろいろな問題

たとえば、「お餅を袋に入れて売っているのだがカビが生えてしまう。どうしようもないので、賞味期限を短くして売っている」というような話がよくある。また、「福神漬けをつくっているのだが、野菜を包丁で刻んでいるために、手間がかかってしまい、原価が高くなってしまう」ということもある。

これらはお餅や福神漬けを「販売する」という行為が伴うから発生する問

題だ。お客さんに持ち帰って食べてもらう、商品につけた価格で買ってもらう、というときに問題になってくる。単にお餅や福神漬けをつくるだけなら問題はない。つくったものを商品として販売するときには、また別の事柄を考えなければいけない。その点を忘れては加工事業はやっていけない。

＊進んで見る目を養う、情報を得る

自分だけで考えていたのでは埒《らち》があかない。相変わらず賞味期限を短くしてお餅を売ることになるし、価格の高い福神漬けを売ることになる。

これは一例だが、このようなことは商品化していくとき、多かれ少なかれ、みんながぶち当たる。そんなときは、内にこもらず、外にも目を向けることが大切なのだ。外に出て、見る目を養う、情報を得ることが大事だ。

たとえば先の福神漬けの例では、野菜を包丁で刻むから原価が高くなるというのはまちがい。野菜を刻む機械（スライサー）を購入して、刻む時間を短縮し、原価を下げること。小型のものなら購入コストもあまりかからない。

このような情報は、向こうからやってこない。進んで、情報を得ようとしなければ得られない類いのものだ。

加工技術の継承

加工技術は人と切り離せない

私の加工所でつくる加工品に込めた加工の原理については、工場で働いている社員もわかっていないのが現実だろう。

先に述べた「辛味噌にんにく」には、組み込まれている加工技術については、簡単に紹介した。このような技術がひとつひとつの加工品に隠れているのだ。その技術をひとつずつ、社員に教えていけば、加工技術が継承できると考えるかもしれないが、そうではない。

加工技術の本質は、その加工技術を組み入れた人間とともにあるのである。その加工技術を組み入れた人間の歴史・経験などと不可分になっている。技術は人と切り離せないのだ。

だから、加工品に隠された加工技術を教えたところで、その技術は継承されるものではないのである。もちろん、レシピがあるので、その加工品を製造することはできるし、その加工品に組み込まれた技術の意味を教えた範囲ではつかむことは可能だろう。

しかし、それだけでは加工技術の継承とは言えないのだ。社長という職種を受け渡すことはできるけれど、中身は受け渡すことはできない。同じ人間じゃないんだから、同じ発想などできっこない、ということなのだ。

写真4—7　群馬県川場村道の駅「川場田園プラザ」で。「加工ねっと」の研修に講師として参加
（撮影：河村久美）

技術の継承は可能か

では、加工技術の継承はどうすればよいのか。

私の加工技術は、いつ誰に教えられたということではない。そのつど、各工程で教えてくれた人は部分的にはたくさんいて、そのひとつひとつが私のからだの中に入り込んでいる。

加工技術はモノづくりの現場で引き継いでいくしかない。しかし、時間をかけて教え込んでも、おそらくそっくりそのまま吸収はできないと考えている。

研究部門を持ち、二〇～三〇人、それ以上の研究者が基本から応用まで加工技術を研究しているなら、人を超えて、時間を超えて技術の継承は可能だ。それが「産業」というものだと思う。だが、私の加工所だけでなく、全国の農産加工所でも、そのようなことは不可能だろう。

会社の運命と未来

酒屋さんを例にとると、おいしい酒をつくっていた酒屋さんがあったが、腕のいい杜氏《とうじ》がいなくなって味が落ちたということがある。杜氏がやっていたとおりやったのに、以前のような味にならない。

お酒の仕込みややり方が同じであっても、人がちがえば味は変わっていくものだと思う。新しい杜氏のもとでおいしい酒をつくっていけばいい。

それと同じで、加工所もまたちがう技術を持った人が出てくることもある。時代の流れの中で、生きざまの中にそういう人は出てくる。絶えるときは絶えるし、新しいものが生まれるときは生まれる。人間の新陳代謝みたいなものだと思う。現実どうしようもないものだと思っている。ひとつの会社の運命でもある。

私の加工技術、私の発想のすべてを

残していけるものではない。技術に興味を持てる人がいて、その人なりの発想、ヒントからものごとを探してくる。そういうノウハウを持ち合わせていないといいものはできない。

そんな加工・技術に興味のある人が加工品をつくっていくようになっていけばいい。それが会社の未来なのだ。

社員がつかんでいるもの

また酒屋さんの例を出すと、主人が亡くなり、後を娘さんが継ぐことがある。娘さんは酒づくりを手伝ったこともないのだが、どこかで亡くなった父親の話やことばを聞いていて覚えている。それがその後の酒づくりに影響してくる、ということがある。

私の加工所でも、不思議なことに社員は何かを部分的につかんでいる。

私がよく言ってきたのは、「釜を空けておいちゃいかん」ということばだ。効率よく加工所をまわしていくときの基本的なことだ（69ページ参照）。

社員が「『釜を空けちゃいかん』と会長が言っとった」と、ことばにすることがある。加工所の基本がことばとして社員に残っているのだ。

「こういうふうにやっとった。あのときはわからんかったけど、あれはこういうことだった」と部分的にわかっていくことがある。

酒屋の娘さんの例と同じで、どこかで話を聞いて覚えている。それが自然と生かされていく。部分的につかんでいる何かというのは、そういうことだと思う。それが私の加工所のDNA、未来へ続く何かなのかもしれない。

「加工講座」と「加工ねっと」

平成十三（二〇〇一）年の開設当初から小池さんが講師を務めている「農文協読者のつどい　加工講座」（主催：農文協）。毎年秋に、全国から農産加工を志す方々が長野県・栂池《つがいけ》高原に集まり、二泊三日の濃密な時間を過ごす。

小池さんは、講義では世の中の動きを敏感に捉え、私たちが取り組むべき姿を示し、あらゆる質問に即答される。また、一日がかりの「持ち寄り加工品品評会」では、参加者が持参した加工品（試作品を含む）を参加者とともに試食して、歯に衣着せぬ批評をされる。ダメ出しも多く、参加者はショックを受けるが、それを乗り越えてより良い製品をつくりまた翌年出品する、という方々が本当の実力をつけてきた。

講座では参加者どうしの交流もとても盛んだ。そこで、平成十五（二〇〇三）年に参加した有志によって生まれたネットワーク組織が「加工ねっと」（顧問：小池芳子さん）。各々が持っている知恵を惜しみなく出し合い、互いに〈教える〉〈教えられる〉ことを通して、それぞれの加工のレベルアップをめざしている。

小池さんの教えから学んだ「素材を生かした加工」「手づくりのよさを残した商品化」「つくり手の想いを伝える販売」といった技術を継承していくものでもあり、実際に小池さんの次代を担う講師や受託加工所も誕生し、活躍している。

加工ねっとの活動の中心は、春に各地の会員が企画し地域の加工施設や直売所を見学し品評会も行なう「現地研修会」と、秋の「加工講座」。加工講座では、今や運営委員を中心に、プログラムの企画・運営にも協力している。

会員には会費（年一〇〇〇円）以外に縛りはないが、資格は「加工講座」もしくは「現地研修会」の参加者という、会の活動の様子を理解した人に限っている。現在会員は一八〇名程度。小池さんのメッセージのほか、年間の活動や会員の活動を紹介する会報を発行している（事務局：農文協）。

終章

加工所の開設・発展とこれまでの歩み

加工所の経営は、事業の目的、施設許可や加工品の種類・数、販売ルート、従業員の数や力量、地域状況などによって、個々に異なる。最後に、私の加工所のこれまでを振り返りながら、どんな壁にぶつかり、そのときどのように発想し対応してきたか、加工を始める前までさかのぼって紹介する。

加工所を始めるまで　加工前史

父のＤＮＡ

教育熱心だった父

父の信《まこと》は教育熱心で、「女子もきちんとした教育を受けなければいけない」という考えを持っていた。そのような考えのもとで育ったこともあり、新制中学を卒業して飯田高等女学校へ進んだ。当時は喬木村《たかぎ》から飯田まで通うことはなく、飯田で下宿して女学校に通うというのがふつうだったために女学校へ行く能力と下宿するためのお金が必要だった。私もはじめはおばさんの家から通っていたのだが、父が自転車を買ってくれて、二時間ほどかけて通うようになった。家から通う第一号となり、以降は女学校へ入った人も自宅から通うようになった。

女学校は三年制だったものの、卒業後に就職する人はほぼゼロ。卒業後はお花や和裁、洋裁といった花嫁修業をするのが当たり前だった。五〇人のクラスの中で就職したのは私ひとりだけだった。

父は教育第一で、「教育はつけてやるから、あとは自立せよ。働いたお金で嫁に行く仕度をせよ」という感じで小さいときから育てられたので、ひとりだけの就職だったが、特別、おかしなことだとは思わなかった。

農協へ就職、多くを学ぶ

卒業は戦後すぐのことで、学制改革が行なわれていたときだった。ちょうど信州大学ができて、最初の学生を募集していた。父は私を大学へ進ませようとして、その手続きに行ったが、ちょうど父が出かけていたときに、農協の役員が三人くらい来て、「農協に来てくれ（勤めてくれ）」と言われて、母が返事をしてしまい、卒業したら農協へ行くことになった。クラスでひとりしか女学校に行っていなかったから、女学校出の女性を職員に欲しかったのだろう。

農協ではいまで言う生活課のような仕事をした。一年後には、仕入れからいっさいを任され、購買主任となった。飯田下伊那の購買主任の会議では女性は私ひとりだった。

このときの経験がいまの農産加工の仕事に役立っている。購買主任になり、商売としてものを売る、買うといったことがどういうことか、わかるようになった。決算書もつくらないといけないから、お金の出入りはもちろん、利益の出し方、経理上のことなど、教えてもらいながら全部ひとりでやった。監査も受けるので、帳簿もきちんとつけなければならない。いまの農産加工の仕事の土台となる部分、経営・経理の基本が農協の仕事を通して自然と身についたと思う。

農協には三年お世話になって辞めて、結婚した。

父の信。写真嫌いで、召集が来たら使うために撮った一枚だけの写真

昭和40（1965）年頃、娘と私

父は紙づくりの元締め

当時、家は田畑はあったものの、父は農作業をするというより、紙づくりの元締めのような仕事をしていた。父は冬場に紙をすく農家を二〇〇軒ほど持っていた。和紙をすく原料は、東京のほうから仕入れた郵便局のカードや国鉄の切符などだった。それらを原料に、二〇〇軒の農家が再生紙に加工していたのだ。そうしてできた障子紙を売ったり、唐傘の紙をすいて傘をつくっている業者に納めたり、といった中間業者のような商売をしていた。また蚕が食べてしまった残りの桑の棒（枝）から繊維をとって紙をつくり、それを業者に納めたりもしていた。

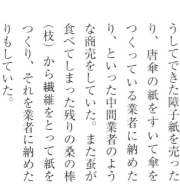

田畑はあったものの、それらは全部、人手間で（委託して）耕作してもらっていた。当時は畑を持っていない人がたくさんいて、そういう人たちを雇用してやってもらっていた。家では蚕を飼っていたが、父は商売をしていて、蚕も人手間だった。

採桑と給桑の分離で収入を増やす

結婚してから家の養蚕を任された。夫は営林署勤めなので、蚕は自分ひとりでやらなければいけない。桑畑から桑を刈ってきて、蚕に与える。蚕がつくった繭玉を売るという仕事だ。しかし、このようなやり方では、ひとり分の収入しか得られない。

そこで考えて実行したのが、採桑と給桑の分業だった。その頃、桑畑は持っているけれど蚕を飼っていない人が多かった。そこで、朝刈った桑を道沿いに出してもらってトレーラーで集め、家の蚕に給桑するという方法をとることにした。

自分の家の桑のほかに三軒分の桑を集め、蚕を飼うのは自分ひとりで行なった。採桑は、桑を刈ったあとに生えてくる草を刈ったりしなければならない。手間もかかるから、一人分の収入しか得られない。しかし、都合四軒分の桑が手に入り、それで蚕を飼えば売る繭玉も多くなり、収入も増える。

当時、蚕を飼っていた人の多くは、上伊那からトラック便で運ばれた前日に切った桑を農協の仲介で買い、蚕を飼っていた。前日に切った桑なのでしおれていたりで品質的にはいまひとつだった。私の方法では桑を地元の農家の人にその日に切ってもらうので、鮮度のよい桑を手に入れることができた。当然、蚕の食い込みもよかった。

父の最新技術「蚕の棚飼い」

もうひとつ、蚕を飼う上で役立ったのは、父の行なっていた「棚飼い」という蚕の飼い方だった。父は蚕も人手間だったが、技術については時代の先端をいっていた。「棚飼い」というのは三段の棚を組んで蚕を飼うやり方で、しかも蚕が食べた桑の上に、新しい桑を載せて蚕が自分で上がってきて桑を食べるようにして飼うという、当時、地域で誰もやっていない方法だった。地域では棚で飼うようなことはしておらず、与えた桑を食べ終えたら、葉のなくなった桑とふんを片付けて、新鮮な桑を与えて飼うという方法が一般的だった。

この棚飼いは作業時間を減らし、私ひとりでも多くの蚕を飼うことができる方法だった。この父の棚飼いの技術と先の採桑と給桑の分業によって、女ひとりでもひとり分以上の収入を手にすることができた。収入が増えて、部屋の改造などは繭代金で払えるくらいになった。このような蚕を飼う方式をとったことで、生活の改善に大いに役に立った。

新しいことを取り入れていくという進取の気性に富んだ私の性格は、父に似ていると思っている。

機械化……父が乗り越えられなかったこと

父の、原料を渡して再生紙づくりを委託し、できた製品を売るという事業と、私の、原料の桑を提供してもらって、その桑で蚕を育てて繭玉を売るという方法は、どちらも工程の一部を外部に委託して製品をつくるという意味で似ていると言える。

また父の事業は、現在の私の加工事業とも似ている。つまり、私の加工事業全体の七割は受託加工であり、それは「原料―加工―製品販売」という加工事業の工程の中の「加工」を受託して成立している。農家から見れば、加工品製造販売という工程の一部である加工を委託していることになるからだ。

父の商売は農村の手づくり工業の上に成り立っていた。父は手すきを自慢していた。そして手すきにこだわって、機械化に移れなかった。これが父の限界でもあり、一代限りの事業になった理由ではないかと思う。機械すきの紙でやっていけば生き残っていたのではないかとも思う。

異なる機械化への思い

父と性格は似ているが、機械化については考えが異なる。いまの農産加工では機械化は必要不可欠なツールなのだ。

加工所は小さく始めたが、これだけしかつくらないと決めないで、伸ばしていくという考えが基本。農産加工というとまだまだ女性がやるという感覚がある。ひと部屋を加工所にして、得意としている加工品だけを少しつくって直売所に並べる、というものが圧倒的だと思う。それでは加工所の発展はない。

「これだけしかつくらない」ではなく、「これで何かできないか」と言ってきた農家の原料を、工夫しながら、意見を出し合いながら、加工品にしていく。施設許可の範囲内で、「この原料で、これまでとちがう加工品はつくれないか」と考える。「原料を請けてつくってみる」という姿勢が加工技術の向上と、商品の品揃えの増加につながる。さらに、小さくても機械を入れて、つくる加工品の量も多くしていく。農家が原料を持ってきたけど加工所が手一杯で加工できない、ということがないように、機械を入れて効率を高めるけれども、基本の手づくりは残しながら加工量を増やしていく。

このような考えで機械化を進めていくことが、事業の発展につながるのである。残念ながら、父にはそういう考えはなく、いわば「手づくり」だけにこだわってしまったことが、事業が継続していかなかった理由なのではないかと思う。

地域の女性のために

お金になる野菜づくりを始める

養蚕で収入が増えたものの、その後の「着物から洋服へ」という時代の変化によって、養蚕が廃れていった。そこで何かないかと模索して、取り組んだのが野菜づくりだった。

野菜づくりの仲間たち。ハウスの中で撮影

農地で野菜をつくって売る。それまでは喬木村ではほとんどの男の人は勤めに出ていて、留守を守る主婦が、自家用に食べるくらいの量を畑でつくっていた。村では専業でやるほど農地の面積は広くはなく、ほとんどが兼業農家だった。

そこで集落内に残っている主婦二七人でグループをつくり、野菜づくりを始めた。昭和五十四（一九七九）

年のことだった。

野菜づくりのきっかけはその価格の高さだった。当時、ピーマンのコンテナ一杯分と繭コンテナ一杯分が同じ値段だった。繭を生産するには、稚蚕から始めて何日もかけて成虫にし、つくった繭を売ることでお金を得ることができた。しかも毎日新しい桑を与えなくてはいけない。桑畑の管理も蚕の世話と並行して行なわなければならなかった。そうしてつくられたコンテナ一杯分の値段が、ピーマンと同じだという。ピーマンは一日にコンテナ何個分も収穫できる。繭とピーマン、比較すればピーマンのほうがずっと儲かる。当時はそれだけ野菜が高かったのだ。

子供の教育費、農機もまかなえた

集落内をまとめて農協から共同で三〇〇万円を借りて、育苗センターをつくった。三〇〇万円を女性だけのグループに貸してくれたのは当時としては破格の扱いだった。育苗センターは、一〇aの畑に三棟のパイプハウスでつくった。当時としてはかなり大きなハウスだった。育苗センターにお金をかけたのは、苗代が大きかったから。育苗センターをつくれば、タネ代はかかっても、苗がつくれるので、苗を買うよりずっと安くできる。育苗センターでキュウリでもトマトでも、必要なだけ苗をつくれば、自分の畑で野菜づくりをすることができた。

私は二〇aほどの畑で野菜をつくった。おかげで、野菜の売上げだけで、長女を富山医科薬科大学（国立）へ行かせることができた。私立の大学も合格したのだが、国立大学の発表は私立大学のあとになるので、東京に出向いて二〇〇万円ほどの入学金・授業料を支払い、下宿先まで決めてきた。幸い、富山医科薬科大学に合格したので、私立大学に支払ったそのときの授業料や下宿代などは、役には立たなかったのだが、それらの費用はすべて野菜の売上げから出すことができたのである。長女には生活費も送り、アルバイトもせずに卒業した。次女は短大に家から通ったので、長女のようなことはなかったものの、野菜の売上げは子供たちの教育費にも十分な恩恵を与えたことになる。

さらに農機具も買えたし、家を新築したときも、その費用はすべて野菜の売上げからまかなうことができた。借金もなく、支払いで困ることはなかった。

私だけでなく、グループの参加者は皆、野菜づくりの恩恵を受けたと思う。「女性が子育てをしながら参加できる農業を確立すること」ができたのである。

「年金いらん」ほどの収入になった無人販売所

さらに昭和五十八（一九八三）年には全国ではじめての無人販売所を開設した。農協に出荷できない規格外品を袋詰めして、無人販売所に並べ、販売したのである。買う人はいっぱいいたし、そこに野菜を出すおばあちゃんは「年金いらんよ」というくらいの収入になった。

この無人販売所をつくったきっかけは次のようなことだった。

婦人会の会合のときに、出席した人に出荷できない春ハクサイを分けて出席奨励として喜ばれた。その頃は春ハクサイなど一般にはつくられていなかったから、よけい喜ばれたのだろう。

ところが、もらった人から「野菜をタダでくれなくていいから買えるようにしてほしい」という要望があった。そんなことがあって、野菜づくりで忙しいから無人販売ならできるかな、などと話はしていた。そんなとき、ひとりの女性が昼休みに来て、「無人販売をぜひやりたい」と言い出した。そこで、じゃあやろうということになって、農協で不要になった立て看板に無人販売所と手書きして、ビニールを張り、雨が降っても大丈夫なものにした。農協に出荷できない規

小さな無人販売所だったが、女性たちの大きな力になった

格外の野菜が並べられた。野菜を売ってお金にする喜びをみんなが味わった。

無人販売所の売上げで婦人が自由に使える口座を

農協も応援してくれた。農協で夕方集金して、口座に積み立ててくれた。その売上げ金を、当番が出荷した婦人名義の口座へ振り込むようにした。それまでは、農協に出荷した野菜の代金は、夫の口座に振り込まれていた。主婦が主体となって野菜をつくっていても、お金は夫の口座へ。しかし、無人販売所の売上げは、すべて夫人名義の口座に入る。おばあちゃんが「年金いらんよ」というほどの、自分の自由になるお金が生み出されたのだ。

全国初の無人販売所はこのようなきっかけから生まれた。このようなことはほかの地域でもあったかもしれない。しかし、そのあとで何もしなければ、「あんな話もあったね」で終わってしまう。きっかけを拾い上げ、実際の形にしていくことが大事なのだ。農産加工でも日々、いろいろなきっかけがある。それを形にできるかどうか、きっかけを拾い上げられるかどうかで、加工所の未来が決まるのだと思う。

その後、野菜グループの後押しもあって、村会議員を二期務めることになった。地域推薦などでなく、言ってみれば女性推薦ということ。女性だけで看板を立てたり、仲間たちが選挙運動をしてくれた。

農産加工を始める共同で立ち上げ、独立、そして拡大

生活の向上をめざした富田農産加工所

リンゴジュースが飲める文化的生活

私が農産加工にかかわり始めたのは、昭和六十一（一九八六）年のことだった。喬木村はリンゴの産地ではなかったので、産地の松川の農家が季節になると車にリンゴを積んで売りに来ていた。喬木村はリンゴを買って食べる地域だった。だけど、ジュースをつくれば飲めるじゃないか、私はこう考えた。

当時は、無果汁の果物風味の味・香りをつけた甘い飲み物がジュースと呼ばれていた。そんなジュースではなく、本物のリンゴからしぼったジュースが飲める。リンゴを食べるより、もうひとつ上の文化的生活ができる。

小池手造り農産加工所の前身とも言える富田農産加工所をつくったのは、こんなことがきっかけだった。農村加工で地域の活性化をめざすというより、文化的生活の向上をめざしたのだ。その象徴がリンゴをしぼってジュースを飲むという生活だった。

加工所の立ち上げ

加工所をつくろうとした当初はなかなか苦労も多かった。家族の同意を得るのに苦労したのだ。女性たちは家に帰ると「加工所に借金ができたら、その借金が自分たちに来る」と脅されたりした。まかない（家計費）から出してはくれないし、家庭内でマサツも起きてくる。まとめていくには、何かと苦労した。それでも加工所を立ち上げることができたのは、それまでの取り組みが評価されたということもあったと思う。

富田農産加工所は女性二七名で一人三万円を出資し、村の助成金を得て、スタートした。釜を二つ設置

して、ジュースとジャム、豆腐をつくれるように施設許可をとった。

当初は三つの施設許可をとったものの、地元に国産大豆がなかったために、製造を続けることはできなかった。外国産大豆を使って豆腐をつくっても意味がないからだ。地域で豆腐をつくるほど大豆をつくっていなかったということだ。

そんなこともあり、リンゴジュースをもっぱらつくる加工所としてスタートした。

ジュース加工の条件

持ち込まれたリンゴの多くはジュースに加工し、一升びん一本の加工料は二〇〇円だった。

リンゴジュースをしぼれる加工所ができたことを知った松川をはじめ、各地のリンゴ農家がたくさんのリンゴを持ち込むようになった。リンゴを持ち込んだ農家にも手伝ってもらうことが条件だったので、加工所の仕事は一～二人が出ればよかった。そしてもうひとつの条件が、ジュースをしぼりに来た農家はできたジュースの中から一本を加工所に置いていくというものだった。三〇〇本しぼっても、一〇〇本しぼっても一本を加工所でいただくことにした。その一本のジュースを加工所の仕事をした担当者が家に持ち帰って飲めるようにしたのだ。本物のリンゴジュースを飲むというひとつ上の文化的生活ということだ。この方式はずっと続けた。

加工料だけで年間六〇〇〇万円に

富田農産加工所を立ち上げた一年目には、加工料で九〇〇万円を売り上げることができた。当時は本当に珍しい加工施設で、年々、加工量が増えていった。多いときには隣接する農協の入口の際までリンゴが積み重ねられた。

日給を支払ってもお金が残るので、農協の口座に積み立てる。年に一回、一五〇万円ほどかけて加工所で働いている女性陣で旅行に出かけることもできた。新年会も何でも積立金でできた。

私が独立する頃には加工料が六〇〇〇万円ほどになっていた。しかも、加工する期間が十月から翌四月までの七ヵ月間で六〇〇〇万円である。いまでも六〇〇〇万円を売り上げる加工所はそうそうないと思う。

ただ、加工期間が秋から翌春までなので、年間通して働く従業員を雇うことができない加工施設でもあった。

私は当時、加工所に朝六時くらいに行って、一釜煮て、ジュースをびんに詰められるくらいに仕事を進めていた。仕事は基本は八時からなので、それまでにひと仕事すませていたことになる。

加工所でつくるジュースやジャムは地域の農産物を加工して、その加工品を農家が販売するという受託加工が中心だった。その加工品を農家が販売できるようにラベルの入手先を紹介することもしていた。

県内にいくつもの加工所ができたが……

当時、富田農産加工所のような加工所はなかった。富田の成功を知って、その後、県内あちこちに加工所ができた。生産者に対する還元の意味でつくられたのであった。

しかし、何年かすると使えなくなった。リンゴのシーズンが終わると、加工機器は休む。するとさびたり傷んだりした。メンテナンスができなかったし、お金を出す人もいなかった。そんな機械でおいしいジュースができるはずもない。

また、加工の技術がわかっていないことも多かった。びんの殺菌がうまくできない、ジュースが色よくきれいに仕上がらない、といったことも。ジュースに飽きられてしまったり、人にあげても喜ばれなくなったりした。

施設許可をとってジュースを販売できる加工所もあったが、同じような問題が多く、売れ行きが思わしくなく、製造量も減っていった。そうしてだんだん使われなくなり、いまはほとんど消えてしまった。

箱物だけまねしても、中身の技術が伴わなかった例と言えるだろう。

加工所の能力の限界

富田農産加工所の経営も軌道に乗り、加工する農家も順調に増えてきたが、加工所の能力では、農家の持ち込む原料をすべて加工するには限界に来ていた。加工所の小さな煮釜二つでは、受け入れられないほどになった。六〇〇〇万円の加工が限界だったのだが、まだまだ加工してほしいという農家は多かった。

またリンゴだけでなく、ウメのジュースやイチゴのジュースをつくってほしいといった要望もあった。しかし、リンゴジュースだけの設備だったので、ほかのジュース類をつくるとなると新しい機械も必要になるし、場所も狭くて、とても無理な状況だった。

何でも加工できる加工所をつくりたい

そこで私は自分で加工所を立ち上げて、農産加工を本業にしようと考えた。リンゴはもちろん、ブドウやイチゴ、ナシなど、何でも、何にでも加工できる加工所をつくりたいと思った。多品目の加工ができるようにしたいと考えたのだ。

独立するにあたり、富田農産加工所に打栓機を新規に購入し、運営費は残して、その後も加工所の経営がスムーズにまわっていくようにした。また、手つかずの定期預金が農協の口座に四〇〇万円ほどあったので、それを農協で分けてもらい定期証書にしてみんなに配ることにした。一人一五万円ほどになった。

加工で独立、地域活性化の担い手として

農産加工を本業に

＊家の蚕室を改造してスタート

平成五（一九九三）年、六〇歳のときに独立して、小池手造り農産加工所をつくった。

家の蚕室を改造、天井を張り替え、壁や床をきれいにした。ボイラーと足踏み打栓機は新品を入れたが、ほかは中古の機械で間に合わせた。ジューサー、三つの蒸気釜などは中古のものを世話してもらった。

加工所をつくるのには一五〇〇万円ほどかかった。幸い、主人がサラリーマンだったためボーナスなどを積み立ててもいた。さらにこれまでの自身の貯金などを資金に加えて、借り入れなしで加工所をつくることができた。

夫は、いっさい口を出さない人だった。私のやることを、「やってもいい」ということばではなくて、見守ってくれた。私が「やりたいことをやる」人間だとわかってくれていたのかもしれない。

家の蚕室を改造してつくった
現在の第二工場

＊機械を揃えるため　給料はゼロ

加工所は清涼飲料水、びん詰・缶詰、惣菜、漬物の施設許可をとった。何でも加工できる加工所の第一歩だった。

富田農産加工所と同じように受託加工で始めた。最初はお客さんも多くはなかったので、必要に応じてパートさんを頼んで加工していた。

私自身の給料はゼロ。自身の給料を払っていたのでは、いつになっても機械が揃わない。モモのジュースをつくるにはタネが取れなきゃできない、トマトのジュースをつくるにはタネやへたが取れないといけない、というように、加工を広げるためには、それなりの機械が必要になってくる。

手作業では効率が悪いので、製造に適した機器を揃えるには、私自身の給料分を機械などの購入費用、設備投資に充てるしかなかったのだ。幸い、私の給料がなくても、サラリーマンの夫の給料で生活することはできた。

＊加工しても全部は売り切れない　自社加工の始まり

加工所は受託加工を基本にした。富田農産加工所と同じ形態である。

ところが次のようなことがしばしば起きるようになった。たとえば加工の大きな部分を占めるリンゴジュースを受託加工でつくる。私の加工所の基本は「自分で売らなければつくらんよ」というスタンス。しかし、リンゴ農家からしてみると、二級品が出たから二〇〇本、三〇〇本とジュースに加工しても、とても全部は売れない。

農協へ二級品を出しても一コンテナ二〇〇円とか三〇〇円にしかならない。それがジュースで売れれば経営的にも大きなメリットがあるのだが、いかんせん売り切れない。

＊「加工所で買ってくれ」

そんな事情もあって、農家から「リンゴを加工所で買ってくれ」という要望が増えてきた。

大きい農家になると加工用のリンゴが二〇〇箱、三〇〇箱出てしまう。そんな農家は一級品のリンゴしか興味がないから、農協に出して二束三文にしかならない二級品はハナから当てにしていない。そのため、どのくらいで売れたかも関心がない、わからないような状態だった。農協より高く買ってもらえれば御の字なのだ。

＊加工料を支払わずに商品が手に入る!?

しかも、「加工所が得るリンゴジュースの加工料」と「受託加工農家が得る加工用リンゴの販売価格」とを相殺して精算したので、それこそ加工料を払わずにリンゴジュースを手にすることも可能になる。そのリンゴジュースを受託加工農家が商品として売れば、まるまる利益になる。受託加工農家に対する大きな支援になったと思う。リンゴだけでなくウメでも、そのほかのものでも同じように対応して喜ばれている。

＊自社製品の誕生

すると、買い取ったリンゴで製造したジュースを販売するのは私の加工所ということになる。これが私の加工所で自社加工を始めたきっかけになった。

現在は商品の品揃えもあって、受託加工農家が持ち込む原料だけでなく、加工所が原料を直接買い付けて製造している加工品も多い（21ページ参照）。

もっとも自社加工をどんどん増やすことはせず、56ページの受託加工のところで記したように三割にとどめている。やはり経営の基本は受託加工なのである。

加工を通して農家を支援

＊七年間で売上げ一〇倍に

独立して加工所をつくった平成五（一九九三）年当初は九〇〇万円ほどの売上げが、平成十二（二〇〇〇）年には一億円を超えるまでになった。七年で一〇倍になった計算である。

この間、各地に農産物直売所や道の駅など、農家が農産物や加工品を直接販売できる場ができたことが大きかったと思う。それまで自分の農産物を自分で売ることなどほとんどなかった農家が産直に目覚めた。自分で売る楽しさを知り、経営を支える力になることを実感したことが大きかった。

＊加工で農家を支援

この時期も私の加工所は、基本的に受託加工七割の経営をしている。単純に売上げ一億円の七割、七〇〇〇万円が受託加工の加工料だとすると、受託加工農家が販売する加工品の価格はどうなるか。たとえば加工料の五倍で販売したことにすると、三億五〇〇〇万円が販売金額になる。それも、市場に出せない、出しても二束三文の農産物を加工品にして販売した金額なのである。

加工品販売の売上げが農家の経営の柱になることがわかって、受託加工農家の原料の持ち込みも多くなる。加工品の売上げが伸びれば、農家経済は豊かにまわっていくことになる。

私の加工所の受託加工の加工料が増えることは、それだけ農家の経済が豊かになっていくことでもある。農家を支援し、地域活性化に少しでも資することができたのではないかと思う。

工場を新設して法人化

ジュース工場をつくり法人化

＊新たにジュース工場をつくり法人化

売上げが一億円を超えるくらいになったのが平成十二（二〇〇〇）年だが、加工所はパートさんが主体の経営だった。

平成十三（二〇〇一）年に、いまのジュース主体の第一工場をつくった。倉庫のような鉄骨だけの建物があり、敷地は荒れ地そのもの。その荒れ地を造成し、ジュースの工場をつくったのだ。いまの第二工場からジュース部門を切り離して、第一工場に移管、第一工場は清涼飲料水、第二工場はびん詰・缶詰、惣菜、漬物の施設許可で運営することにした。

第一工場をつくったのを機に、法人化した。「小池手造り農産加工所有限会社」の誕生である。

＊利益が出ない時期が続く

このときは機械や施設の整備にかかる費用を銀行から借りた。

打栓機はジュース製造をしなくなった加工所から移動したけれど、新品のボイラーに六〇〇ℓの蒸気釜を新しく二つ入れた。もろもろのお金が必要で、三〇〇〇万円の借金をした。その償還をしなければならないので、第一工場もできて加工量も増えていったにもかかわらず、経営的には苦しい時期が続いた。税務署へ申告に行っても利益が出ていないので、税務署も何も言えないような有様だった。私も給料を得ることができない時期もあった。

新しくジュース工場として建てた第一工場
（撮影：河村久美）

＊加工所の発展を考えて男性を多く雇用

従業員は、法人化するまでは、いまの第二工場で二〜三人程度、あとは忙しいときにパートさんをお願いしていたが、法人化を機に親しい人に声をかけて、五人ほど社員として雇用した。ジュース工場は五人くらいいないと動いていかないのだ。加工所の将来を考えて、男性三人、女性二人と男性を多く雇用した。加工所の発展を考えたとき、男性の力がどうしても必要だったからだ。その頃もリンゴジュースで忙しい時期にはパートさんを頼んで急場をしのぐのが毎年のことだった。

法人化後は二つの工場が稼働して、加工量、売上げも伸びて、一年ごとに人を増やしていった。

営業しやすい商品の開発

＊自社加工品の製造も増える

また、法人化して営業職の男性を一人雇用することにした。

これまでジュースやジャムや漬物、惣菜を一つの工場（いまの第二工場）で製造していたのだが、ジュースは新しい工場（第一工場）で製造することになった。

第二工場では、それまでジュースをつくっていた煮釜やスペースがほかの加工品製造に使える。工場が二つになって、加工所全体の製造量が大きく増える。

ということは、受託加工品だけでなく、自社加工品の製造量も多くなるということだ。これをしっかり売っていかなければならない。そのための営業職なのだ。

＊男性を営業職に雇用

営業担当はあちこちの直売所や道の駅を訪問し、売り込み、商品の注文をとり、商品を搬入する。朝早く出かけ、夜遅く帰ることもある。泊まりがけの出張もある。やはりこのような職種は男の人に向いている。

いままでは、イベントに出かけて商品を売ったり、商談会でお客様に話をして商品を送ったりする、などいろいろのパターンがある。

また、最近では県も力を入れるようになってきて、たとえば県の職員としてマーケティングをするプロを雇ったり、毎年開かれているフーデックス（国際食品・飲料展）に長野県ブースを確保して、そこで加工品の紹介をしたりしてくれている。そんなイベントにも、加工所の営業担当が出張している。

＊営業がしやすいようにアイテムを揃える

ただ、ジュースとジャムだけを持っていったのでは、なかなか営業にならない。スペースを確保できないから、商品が多少売れたくらいでは加工所の売上げを伸ばすことにはならない。

営業をしやすくするためには、いろいろなアイテム（加工品）を揃えなければならない。営業担当がやりやすいように、ジュース、ジャムだけでなく、ドレッシングやソース、各種の惣菜や漬物を開発してきた。道の駅や直売所に「小池手造り農産加工所」のコーナーをつくっていくこと、そのためにはいろいろな商品のラインナップが欠かせないのだ。

＊多くの販売ルートがある

私の加工所の自社加工品は、当初から道の駅と直売所だけで販売している。デパートや商店で販売することはしてこなかった。

しかし昨今はいろいろな販売ルートができている。電話での注文やＦＡＸでの注文は以前からあるが、最近はホームページを見てネットで注文してくることもある。また加工所の商品を業者が買い取って、百貨店などで販売するということもある。

また、営業担当がレストランを訪問して、そこでつくってほしいと頼まれたものを加工所に持ち込むこともある。たとえば県内のレストランでパスタソースをつくってほしいという依頼があって、要望に添ったパスタソースをつくったこともある。

現在は販売ルートもさまざまで、営業の仕事も多彩になってきている。販売ルートを多く持つことは加工所の経営にとってもよいことなのだ。

飯田市にある農産物直売所「りんごの里」

「りんごの里」の中にある小池手造り農産加工所の商品コーナー

製造記録による加工

＊受託加工の増加

二つの工場での加工が始まり、製造量、加工品の数も増えていった。受託加工農家も製造した加工品の売れ行きがいいので、経営も安定し、受託加工の回数も増えることになった。

以前に紹介したトマト農家も、最初は軽トラで運んできていたが、トマトの加工品の売上げによって経営が安定し、さらに栽培面積を増やすようになると、それまで軽トラ一台だったトマトの搬入が二t車での搬入になった。また、リンゴジュースが売れるようになって、加工に本腰を入れるリンゴ農家も出てきた。

＊製造記録を目安にして効率が上げられる

受託加工農家が同じ加工品を何回もつくることが多くなってきた。すると前回の加工品の製造がどのように行なわれたかがわかると都合がよい。そこで製造記録をとるようになった60ページで紹介した「製造計画及び実施報告書」がそれである。いまから一〇年ほど前になる。

たしかに同じトマト農家でも、春のトマトと十二月のトマトでは糖度も異なるのだが、製造記録に仕上がり糖度と酸度が記載されていることで、それにあわせるように作業を進めることができる。製造記録があることで、加工の効率が上がることになる。

しぼりかす、加工残渣の処理で苦労

＊ジュースかすをどうする

第一工場も立ち上げて、売上げも順調に伸びていったのだが、困った課題があった。リンゴをしぼるとしぼりかすが出る。その頃は輸入のエサが安かったので、畜産農家も引き取りに来ない。しぼりかすが大量に出るようになって、その処理に困った。しかも規制が年々厳しくなっていった。

富田農産加工所のときには、竹やぶの持ち主が「捨ててもいいよ」ということだったので、その竹やぶに捨てていた。

しかし、新しいジュース工場（第一工場）から出るしぼりかすは量が多くそうはいかない。しぼりかすだけでなく、原料をトリミングしたときに出るゴミの類い、傷んで使えない原料などもあった。事業としてやっているので、家庭ゴミのように生ゴミで出すわけにもいかない。産業廃棄物で処理すれば多額のコストがかかる。

＊掘った穴に捨てていたが……

捨てる場所に困って、自分の土地一反三畝と借りた土地一反に、穴を掘っては埋め、隣に穴を掘っては埋め、ということを続けていた。しかし規制が厳しくなってきて、自分の畑でも、しぼりかすを埋めるという方法での処理はできなくなった。「上（の土地）で汚いことやられちゃ困る」といった近隣の苦情もあったようだ。

＊堆肥にして農家に利用してもらっている

そんなこんなで七～八年はしぼりかす、加工残渣を

しぼりかす、加工残渣を発酵処理している堆肥場

どうするかで頭を悩ませていた。そんなときに上伊那の人が、しぼりかすを発酵させて堆肥にする方法を教えてくれた。何回も来てもらい、しぼりかすなどの残渣と木材チップを混合、切り返し、堆積、発酵させて堆肥にする方法に行き着いた。そのための施設もつくって、切り返しなどに使う重機も設置している。

できた堆肥は野積みされ、近くの農家が必要なときに取りに来て、利用している。効果のほどは聞いていないが、堆肥の山がどんどん高くなることはないので、随時、使われているのだろう。なお、堆肥の材料に家畜ふんが使われていないので、不快な臭気はほぼない状態になっている。

＊リンゴのしぼりかすはエサとして畜産農家へ

現在秋から春にかけて大量に出るリンゴのしぼりかすは、家畜の嗜好もよいということで、近くの畜産農家が牛のエサにするために、加工所に取りに来てくれる。畜産農家ではサイレージに調製して、食べさせているようだ。

汚水処理施設をつくる

＊厄介だった汚水処理

しぼりかす、加工残渣は堆肥化で解決した。しかし、もっと厄介だったのが第一工場から出る汚水処理だった。

第一工場は飯田市の山間にあり、近くに住宅などはないが、大量の汚水が出る。これを工場の外へ出すには、環境基準に適合した水質にしなければならない。環境基準をクリアしなければ加工事業を進めていくことはできない。やるしかないということで、浄化槽を設置することにした。

＊浄化槽に六〇〇〇万円

第一工場を立ち上げたときに、浄化槽をひとつ一〇〇〇万円でつくった。しかし加工量が増えるにつれて、汚水を処理しきれなくなって、もう一回浄化しないと環境基準をクリアできないことがわかった。

業者に相談して見積もりを出してもらうと、

コンテナのうしろの施設と、コンクリートの下の浄化槽が汚水処理施設。ここで汚水を環境基準まで浄化している

五〇〇〇万円とか三〇〇〇万円といった額になった。四〇〇〇万円ほどの投資をして、浄化槽の機能アップを図った。しばらくはよかったものの、加工量が増え、再び汚水処理が十分機能しなくなってきた。

さらに一〇〇〇万円以上の投資をした結果、いまでは汚水処理が滞りなくできるようになった。都合、汚水処理におよそ六〇〇〇万円かかったことになる。

＊お金が入ってこないのにお金がかかる施設

浄化槽は地下に大きなタンクが埋設されていて、そこで段階的に浄化している。一回、二回、三回と浄化を進め、四回目に水質を検査して、環境基準をクリアしていることを確認してから流している。

施設をつくるのにお金をかけても、それによりお金が入ってくるなら、つくってもいい。しかし汚水処理、浄化槽のように、お金が入ってこないところにお金をかけるというのは経営上、厳しいものがある。しかし、これは加工事業を進めていく上では、避けて通れないことでもある。

＊浄化槽を計画に入れて加工所をつくる

加工所の加工量が多くなればなるほど、人件費がかかり、販売量が増えればさまざまな経費もかかってくる。とくに汚水処理については、環境基準をクリアするためには多額の投資が必要になった。

加工所で何をつくるかにも関係してくるが、新しく加工所を立ち上げるようなとき、加工所のバージョンアップを考えるようなときには、汚水処理や残渣処理について十分な計画を立てる必要があると思う。

受託加工三〇〇〇軒の加工所に

近隣だけでなく遠方からも受託

私の加工所では現在、三〇〇〇軒の受託加工先を持っている。三〇〇〇軒という数字はふつう、考えられない軒数だと思う。しかもジュースからジャム、ケチャップ、ソース、さまざまな惣菜など、多くの種類の加工品を製造している。

たとえば、通常ならリンゴジュースとミカンジュースを一ヵ所で両方つくっている加工所はないと思う。というのも、リンゴの産地とミカンの産地は寒地と暖地で離れているからだ。受託加工を行なっている加工所といえども、近隣の市町村の農家が持ち込む原料で加工品をつくる。遠く離れた農家が加工原料を持ち込むことはまずない。

ところが私の加工所は、さまざまな種類の加工原料が持ち込まれる。近隣のリンゴから、遠方のミカン、というように。

農文協主催の加工講座で講師を務める著者　（撮影：河村久美）

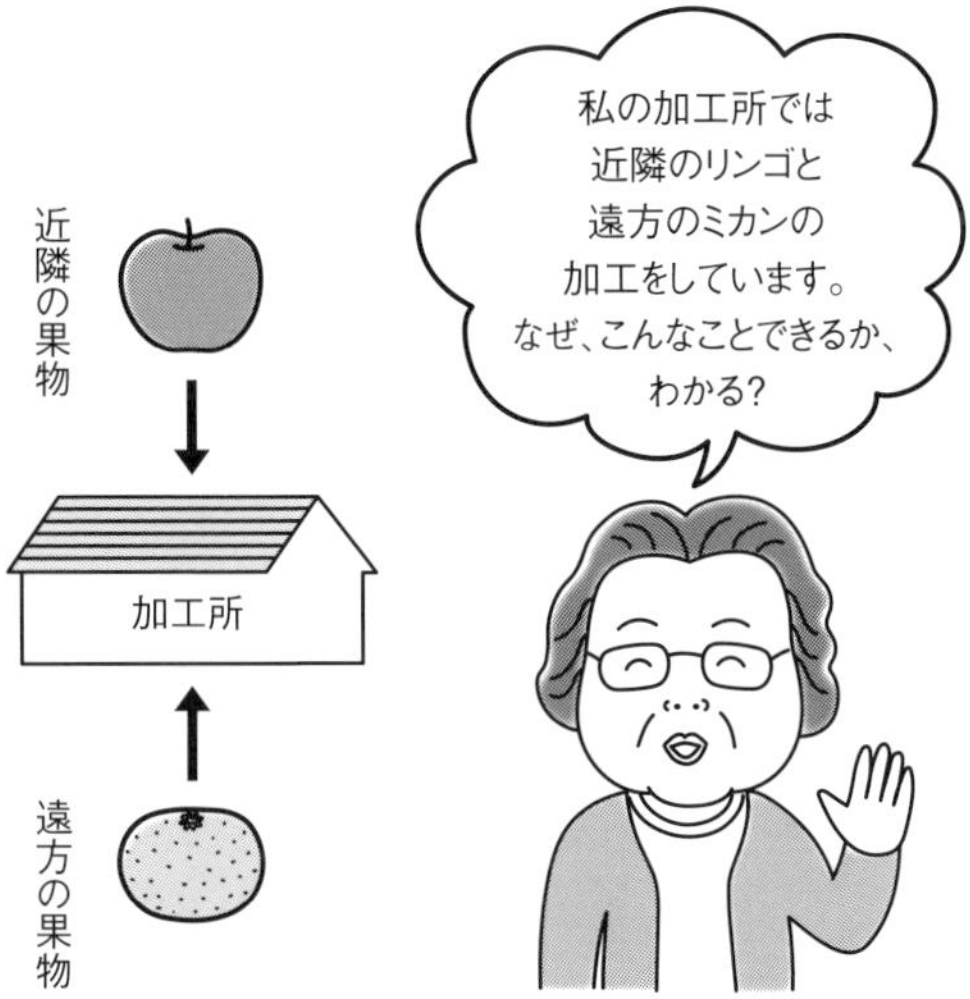
私の加工所では
近隣のリンゴと
遠方のミカンの
加工をしています。
なぜ、こんなことできるか、
わかる?
近隣の果物
加工所
遠方の果物

視察に来た農家が加工依頼

これは次のような背景があるからなのだ。

私の加工所はそれなりに知られた存在だったので、各地から視察にやってくる。視察は近隣の市町村からだけではない。全国各地からやってくる。

二〇人の視察が来ると、その中には必ずリンゴやトマト、ニンジンといった果物や野菜の生産農家が入っている。そして私の加工所が、たくさんの農家から受託加工を請けているという話を聞く。

すると視察に二〇人来れば、そのうちのひとりかふたりは、「試しにジュースをつくってもらおうか」「うちのイチゴでジャムをつくってもらうのもいいな」と考える人がいる。帰ってから加工を依頼して、トマトやイチゴの原料を送ってくる。

できた加工品をその農家が売っているのを見て、「そのジュースはどうしたのか」「どこでつくったのか」と知合いの農家が聞いてくる。聞いた人が「自分も頼んでみるか」……。こうして、手許にある農産物の加工を私の加工所に依頼する農家が増えていったのだ。

おいしくつくれる技術が基本

そして大事なことは、一回でも加工を依頼して、加工品を自分で売ると、ほかの加工所でつくるということがなくなる。私の加工所の受託加工がなかなか減らない理由でもあるのだが、加工技術が高く、おいしいので、ほかの加工所に依頼する理由がないからなのだ。

もちろん、ジュースだけの加工施設では受託加工三〇〇〇軒というわけにはいかない。第一工場、第二工場で四つの施設許可をとって、さまざまな加工を手がけているからなのだが、その基本は、加工技術が優れていて、高品質のおいしい加工品をつくる技術を持っているからなのだ。

受託加工の需要はある

いまは各地に多くの加工所がある。視察者が多く訪れる加工所も数多くあるだろう。しかし私が経験してきたように、受託加工をしていても、視察者からの加工依頼を受けることは少ないように思う。

しかし、受託加工の需要はあるように思う。すでに紹介したが、いま私の加工所に週に一度トマトを持ってきて、丸一日工場を使ってトマトの加工品をつくっていく農家が二軒ある。トマトを栽培していれば、二級品のトマトは必ず出てくる。大きい農家ほど、その量は多くなるから、始末に困ってしまう。その二級品のトマトをジュースやケチャップにして販売できるようになれば、廃棄のコストがかかるどころか、加工品として売上げにつながる。

しかし、トマトを加工品にするには、それなりの施設と確かな加工技術が必要になる。トマトの加工はむずかしく、生半可な知識・技術では商品にはならない。トマト農家が新たにトマトの加工に乗り出すのはリスクが大きすぎる。しかし、そのトマト加工を引き受ける加工所があれば、トマト農家はリスクをとらずに加工品が手に入る。加工所も受託農家が増えて、その加工料で売上げを伸ばすことができる。

既存の許可、機器で受託を

私の加工所に来ているトマト農家は、朝、原料を持ち込んで、工場でジュースやケチャップなどをつくっている間、ノートパソコンで別の仕事をしていることが多い。トマトの加工品ができあがるのを待って、商品を持ち帰って、その農家が売る。自ら加工に乗り出すことはせずに、技術のある加工所に任せる。そのほうがずっとラクだし、リスクもなく、経営的にもメリットの多いやり方と言える。

加工所も新たに施設許可をとって加工の幅を広げ、新規の加工機器を揃えるというのではなく、たとえば、すでにジュースの製造をしている加工所なら、受託加工に取り組んでみる価値はあるのではないか。

加工所のいまとこれから　農産加工と製造業のはざまで

加工所の岐路

三〇余年続けてきた加工事業

現在、加工所で働く社員は三〇名ほどになった。必要なときにアルバイトやパートもお願いしている。受託加工の顧客は三〇〇〇軒にまで増えて、売上げも三億五〇〇〇万円ほどになった。

六〇歳で独立して、農産加工を本業にしよう、加工で地域の農家の支援をしたい、ということで取り組んできて四半世紀になる。富田の加工所から数えると実に三〇余年にもなる。

こうして続けてきた加工事業だが、私の加工所も大きな岐路に立っている。

加工機器、設備の増強を考える

ひとつは加工量が多くなってきて、加工所も社員も手一杯の状態が続いていること。とくにリンゴジュースの加工が始まる秋から春にかけては、ネコの手も借りたいほどになる。先述したように、早出を組み合わせて、何とかやりくりしている状況だ。また、大きな

加工量を増やすために、びんの殺菌、殺菌したびんを充てん機に流すラインを半自動化することも対応のひとつ

トマト農家の受託に日数がかかり、新規の農家の受託がむずかしくなってきている。

　第一工場のジュースのラインでは、現在、びんの殺菌と、殺菌したびんをラインに流す作業は人の手で行なっているが、ここを半自動化するようなことも検討しないといけないかもしれない。しかし加工機器を入れるということは、その機械の前後で、モノや人の流れが変わってくることになる。いろいろと検討しなければならない課題は多い。

　現在、第一工場の隣接地に、倉庫と加工所を兼ねた建物をつくろうとしている。これができれば、もう少し農家の要望に応えることができるのではないかと考えている。

製造業は記録・データの世界

数字を把握する大切さ

　先述したように、いまは農産加工のむずかしい時代である。先は見えるものの、その見えている先はけっして明るいイメージではない。

　最近、県内の加工業者二社が倒産した。一社は煮豆を売っている会社。五億円の借金を抱えていた。東京、名古屋と営業マンが全国を股にかけて売っていた会社だったのだが。もう一社は漬物会社。二〇億円を超える借金だったという。

　一軒の会社は「明日、倒産します」と倒産前日に挨拶に来た。私の加工所に被害はなかったが、この会社と取引のあった会社はあちこち被害が及んだという。

　営業マンの話では、経理がわからんから清算もまったく知らなかったという。知らない間に累積赤字となり、銀行が手を引く。資金繰りがつかず、倒産する羽目に至ったのだ。

　製造業でこわいのは、金銭回りの問題を見抜けないこと。販売や仕入れについて、数字をきちっと把握していないととんでもない失敗をする、ということだ。

経理会社で経営内容を毎月チェック

　私の加工所では、さまざまなデータの分析を経理会社に委託している。

　以前は、紹介のあったコンサルタントに経営を見てもらっていた。しかし、売上げの数字は見るものの、言ってみればお金を取るだけの人で、経営の改善とかアドバイスはなかった。

そこで定期的に経営の数字を見てもらえる経理会社と契約して、さまざまな帳票類やデータを送り、それをもとに経営内容についてアドバイスをもらうようにした。

事務システムを刷新

同時に事務システムを刷新して、データを電子化し、パソコンに蓄積、管理できるようにした。

加工品の数、受託農家数、売上げ、仕入れなどはどれも煩雑で、人件費などを含め経営の実態を把握することは、人の手で行なうのはとても無理な状況だった。経営内容がきちんとわからなければ、現状がわからないし、今後の経営方針も決められない。まっすぐ行くのか、右か左か、どう舵を切っていくのか、それを決めるためにも事務システムの刷新は避けて通れない課題だった。


詳細なデータを把握・分析してアドバイスも

現在では、契約している経理会社の税理士が毎月報告に来る。売上げや仕入れ、在庫、人件費、労働時間など、加工所のさまざまな記録・伝票に基づいて集計、一覧表にして会社の役員や経理担当者に説明してくれる。

一ヵ月で何がどのくらい売上げがあって、労働時間は何時間で、利益率がどのくらいか、前月比、前年比はどのくらいか、今後の売上げの予測、そして数字にひそんでいるサイン（兆候）などもアドバイスをしてもらっている。そして一年で決算書ができ、一年間の答が出ることになる。

このような記録に基づいた経営をしている農産加工所は、全国的にもないのではないかと思う。これから加工所を大きくしていこうとするときは、農業者としての目ではなく、製造業としての目が必要になると思う。そのためには「記録」を整えておくことが不可欠なのだ。

社員が記入する記録が経営に直結する

加工所では社員が製造する加工品ごとに、社員ごとに、何時から何時まで何の作業をしていたかを作業時間記録表に記入している。そして加工品ごとに使った原料の量や使用したびんの種類と本数などを製造記録

「受託加工依頼書及び加工報告」に記入している。

これらの帳票から、たとえば二〇〇本のジャムをつくるのにかかった作業時間や、原料やびん代などにかかったコストかがわかる。受託加工なら一びんの加工料がいくらで、二〇〇本納めたから加工料はいくらになるかがわかる。

ジャムをつくるのにかかった経費と労働時間、加工料がわかれば、ジャム一びん当たりの原価や利益、労働時間などが計算できる。

つまり、加工所で日常的に行なっている記録が、経営内容を分析する武器となっているのだ。

日々行なっている
記録が加工所を
支えている
記録

保健所の許可を超えて

加工所では作業時間記録表や受託加工依頼書及び加工報告（製造記録）だけでなく、業務日報や計器のチェック表など、さまざまな記録をファイルして残している。

このような記録を残しておくことは、経営内容や日々の加工内容をチェックするだけでなく、何かあったときに説明できるというメリットがある。

加工品の品質に関する問題や苦情や何らかの事故があったときに、何が原因かを突き止めることが可能になる。加工所の行なっている内容を、人に説明できないといけない。それも記録と数値で示す必要がある。

記録をとることは、ひとつの方法だけれども、製造業という業界では当たり前のことである。それを私の加工所でもやるということなのだ。保健所の許可がとれていればそれでいいという時代ではないのである。

■著者略歴■

小池　芳子（こいけ　よしこ）

1933年9月、長野県喬木村に生まれる。

1984年に無人販売所を設立。1986年には県内初のジュース、豆腐の加工を主婦グループで始める。1993年には独立して「小池手造り農産加工所」を設立し、2001年には法人化して代表取締役就任。その後、会長に退き現在に至る。農産物の受託加工先は、他県からも含めて3000軒を超えている。

日本特産農産物協会の地域特産物マイスター、農林水産省ボランタリープランナー、長野県農業再生協議会アドバイザー、加工ねっと顧問。

2008年長野県知事賞、2010年黄綬褒章受章。

編集　本田　耕士（ほんだ　たかし）

（柑風庵編集耕房）

小池芳子のこうして稼ぐ農産加工

味をよくし、受託を組み合わせてフル稼働

2018年 12月5日　第1刷発行

著者　小池　芳子

発行所　一般社団法人　農山漁村文化協会
〒107-8668　東京都港区赤坂7丁目6－1
電話　03(3585)1142(営業)　03(3585)1147(編集)
FAX　03(3585)3668　振替　00120-3-144478
URL　http://www.ruralnet.or.jp/

ISBN978-4-540-16183-4　DTP製作／㈱農文協プロダクション
〈検印廃止〉　印刷／㈱光陽メディア

製本／根本製本㈱
定価はカバーに表示
乱丁・落丁本はお取り替えいたします。